AXEL HIMER

Maßschuhe

© Fackelträger Verlag GmbH, Köln

Schuhmodelle: Sofern nicht anders angegeben, stammen alle Schuhmodelle aus der Werkstatt des Autors

Sämtliche Schaubilder, Skizzen und Zeichnungen: Bernhard Siegle

Abbildungen: akg-images: S. 19; Riccardo Freccia Bestetti: S. 32, 44, 45; Albrecht Prinz von Croy: S. 8; Privatarchiv Axel Himer: S. 23; Benjamin Klemann: S. 48, 49; John Lobb: S. 11, 13, 29, 46, 47, 73, 177, 203; Oliver Moore: S. 38, 39; Joh. Rendenbach: S. 109, 110, 221; Rudolf Scheer & Söhne: S. 27, 30, 34, 37, 42, 43, 97, 131; Manfred Semmlin: S. 50, 51, 183; Berthold Steinhilber: S. 4, 7, 53, 55, 99; Lázló Vass: S. 40, 41, 87, 93, 139, 207; alle übrigen Fotos: Klaus Schultes.

Autor und Verlag bedanken sich ausdrücklich bei Willy Schächter, Leiter des ›Deutschen Schuhmuseums Hauenstein‹, für seine stets gern geleistete Unterstützung

Cover und Gestaltung:
hassinger & hassinger & spiler. visuelle konzepte, Dortmund

Gesamtherstellung:
Fackelträger Verlag GmbH, Köln

Printed in EU

ISBN: 978-3-7716-4399-7

www.fackeltraeger-verlag.de

DIETER H. WIRTZ (HRSG)

GENTLEMAN`S LIBRARY
DIE BIBLIOTHEK DES GEHOBENEN LEBENSSTILS

AXEL HIMER

Maßschuhe

MIT EINEM VORWORT VON
ALBRECHT PRINZ VON CROŸ

Edition
Fackelträger

INHALT

VORWORT VON ALBRECHT PRINZ VON CROY — 8

PERFEKTION ALS MAß ALLER DINGE. EINE EINFÜHRUNG — 12

KAPITEL 1
SOHLENSIGNALE: »SCHUHAUFTRITTE« AUF GROßEN BÜHNEN — 16

KAPITEL 2
DURCH DICK UND DÜNN: DIE GESCHICHTE DES SCHUHS — 22

KAPITEL 3
KLASSISCHE MAßSCHUHE:
SPLEEN, LUXUS – ODER EIN MUSS? — 28

KAPITEL 4
DER TRADITION VERPFLICHTET:
MAßSCHUHMACHER VON INTERNATIONALEM RANG — 36

KAPITEL 5
MAß ALLER LEISTEN: DER FUß — 54

KAPITEL 6
DAS AUGE ENTSCHEIDET MIT: DAS OBERLEDER — 78

KAPITEL 7
NUR HOHER AUFWAND MACHT SINN:
DIE SCHAFTHERSTELLUNG — 98

KAPITEL 8
KEIN GUTES GEHEN OHNE GUTES FUNDAMENT:
DAS BODENLEDER — 108

KAPITEL 9

MIT AKRIBIE UND AUSDAUER:
DIE MAßSCHUHHERSTELLUNG 112

KAPITEL 10

WAS MANN WANN TRÄGT:
GENTLEMAN'S SHOE GUIDE 130

KAPITEL 11

AUF DEN FUß GESCHAUT: SCHUHE UND MENSCHEN 162

KAPITEL 12

ES LEBE DER SPORT! MAßSCHUHE DER SPEZIELLEN ART 172

KAPITEL 13

MIT HAKEN UND ÖSEN:
DIE KUNST DES SCHNÜRENS 192

KAPITEL 14

MITTLER ZWISCHEN FUß, SCHIENBEIN UND SCHUH:
SOCKE UND LANGSTRUMPF 200

KAPITEL 15

WENN DER SPEICHEL ANGEREGT WERDEN SOLLTE:
SCHUHPFLEGE 204

ANHANG

GLOSSAR: KLEINES MAßSCHUH-ABC 220
ADRESSEN EMPFEHLENSWERTER MAßSCHUHMACHER 222
DANKSAGUNG 222
AUTOR UND HERAUSGEBER 223

VORWORT VON ALBRECHT PRINZ VON CROY

An seinen Füßen werdet ihr ihn erkennen – den Mann von Welt!
Oder eben nicht. Was der Mann (ach ja, auch die Frau, aber bei der
ist das Thema »Schuhe« durchaus anders besetzt) an Schuhwerk
wählt, erlaubt es, direkt und ohne Umweg auf seinen Stil zu
schließen. Lässt er arbeiten (von einem wahren Handwerker)
oder lässt er kaufen (von der Frau Gemahlin)? Weiß er mit den
Begriffen »Leisten« und »Spanner« etwas anzufangen oder ver-
ortet er ersteren nur als das Verb von »Leistung« und den zweiten in der Semiwelt der Schlüpfrigkeit? Was also bedeuten dem
modernen, dem erfolgreichen und dem stilbewussten Mann
seine Schuhe?

Man kann eine Geisteshaltung auch mit Füßen treten, und das
im wahrsten Sinne des Wortes. Mit stillos verkleideten, versteht
sich! Was macht der Mann von Welt nicht für ein Aufhebens von

seiner Erscheinung. Da nähen nur die besten Schneider, der Stoff, aus dem die Anzüge sind, kann nicht erlesen genug sein, und die Hemden sind den Herren passgenau auf den eitlen Leib gemessen. Aber bei den Schuhen vergessen sich die meisten. Da unten, da schaut doch keiner hin. Weit gefehlt. »Ein scharfer Beobachter erkennt am Zustand der Schuhe immer, mit wem er es zu tun hat«, wusste schon Honoré de Balzac, der französische Schriftsteller. Da nutzt der feine Zwirn nichts, wenn der Blick auf die Füße alles an Aufwand bis zum Knöchel zunichte macht. Die Art der Schuhe, ihr Zustand und auch der Stolz, mit dem sie getragen werden, machen den Unterschied aus vom aufgesetzten, angelernten Blender zum wahren, elegant-lässigen Kenner. Für den ist der Maßschuh das Maß aller Dinge. Für den ist der Maßschuh Ausdruck dessen, es wirklich geschafft zu haben. Dort angekommen zu sein, wo der Mann von Welt hin muss.

Der maßgefertigte Schuh ist nicht nur Luxus, er ist ein Lebensgefühl, eine Lebenseinstellung gar. Welch unvergleichliches Er-

Straußenleder-›Oxford‹ mit
aufgedoppelter Ledersohle

lebnis die erste Anprobe: das Gefühl, wie die Sohle, die Ferse, der Spann und die Zehen gleichsam freudig Besitz ergreifen von ihrem neuen Zuhause und ihrem Besitzer sogleich signalisieren: So etwas wollen wir jetzt nur noch, wage dich nicht mehr in Konfektionsabteilungen, diese scheußlichen Tempel der Massenfußhaltung. Der (neu)gemachte Mann federt und tanzt, er gleitet und schreitet und ist nun wahrlich vom Scheitel bis zur Sohle ein Gentleman.

Das vorliegende Buch von einem der ganz Großen der Schuhmacherzunft blättert alle Facetten des Maßschuhs auf. Axel Himer ist ein Fundamentalist im besten Sinne. Einer, der alles für den Schuh tut und also alles über ihn weiß. Dem der Anblick falscher oder schlecht gepflegter Schuhe ein Graus ist. Ein Missionar in Sachen wahrer Eleganz und großer Handwerkskunst. Von einem wie ihm möchten wir ein Buch lesen und alles über den Maßschuh lernen.

Düsseldorf, im Januar 2009

Albrecht Prinz von Croy, geboren 1959 in Mülheim an der Ruhr, studierte nach einem mehrjährigen Engagement bei der *Schwäbischen Zeitung* zunächst Politik und Geschichte in Frankfurt am Main. Nach zehn Jahren *Frankfurter Allgemeine Zeitung,* zuletzt als Chef vom Dienst des *FAZ-Magazins,* sowie drei Jahren in Führungspositionen bei *Telebörse* und *DM Euro* gehört Albrecht Prinz von Croy seit August 2003 der Chefredaktion des *Handelsblatts* an. Sein 2006 erschienenes *Stilbuch für Manager* wurde von Lesern wie von Kritikern gleichermaßen lobend aufgenommen.

Rahmengenähter Kalbsleder-
›Derby‹ (John Lobb)

Perfektion als Maß aller Dinge.
Eine Einführung

Ein Buch über Schuhe? Über etwas derart Alltägliches, Banales, Gewöhnliches? Braucht man das? Vielleicht. Aber ein Buch über Maßschuhe? Über etwas derart Abgehobenes, Dünkelhaftes, Überhebliches? Braucht Mann das? Die Antwort könnte erneut mit dem Wort »vielleicht« gegeben werden. Aber blicken wir zunächst ein wenig zurück …

Erst Schuhe haben es dem Menschen ermöglicht, die Welt zu erobern. Ohne entsprechende Fußbekleidung hätte er wohl nie den Nordpol erreicht, wäre er wohl kaum in der Sahara überlebensfähig. Schon auf Höhlenmalereien sind Zeichnungen von Schuhen zu finden; selbst der Gletschermann »Ötzi« trug Schuhwerk, zwar solches aus Stroh, Fellen und Riemen, aber immerhin handelte es sich um eine schützende Fußbekleidung; und vor über dreitausend Jahren trugen die Ägypter Sandalen aus Stroh und Palmblättern, zudem auch, wie Ausgrabungen belegen, strapazierfähige Holzsandalen. Durch kulturelle und religiöse Einflüsse entwickelte sich schließlich das Schuhwerk vom robusten Schutzschuh zu einem Utensil, mit dem Macht, Reichtum und Obrigkeit ausgedrückt wurde.

Heute sind Schuhe ein Gebrauchsgegenstand. Zum einen. Zum anderen können Schuhe ein Stilelement sein, vorausgesetzt, es handelt sich um Maßschuhe. Wenn der Mann von Welt mit Leidenschaft »auftritt«, sind Maßschuhe im Spiel. Maßschuhe, von Hand eingestochen, mit Liebe und Hingabe hergestellt, gelten als Fundament des Gentlemans. Der ehemalige Bundespräsident Walter Scheel, ein Mensch von gepflegtem Äußeren und parkettsicherem Auftreten, gab vor Jahren auf die Interviewfrage, warum er sich Schuhe kaufe, die mehr kosten, als der durchschnittliche deutsche Arbeiter monatlich verdiene, folgende Antwort: »Weil

Leistenbau bei ›John Lobb‹

ich sparsam bin. Ich kann es mir nicht leisten, etwas Billiges zu kaufen, da ich es zu oft wegwerfen muss.« Und John Hunter Lobb, Ururenkel des berühmten Londoner Schuhmachers John Lobb, machte einmal folgende Rechnung auf: »Ein Paar Schuhe für zweieinhalbtausend Euro begleitet mich vierzig Jahre. Das sind pro Tag siebzehn Cent, pro Jahr zweiundsechzigeinhalb Euro. Da kann ich mir sogar eine jährliche Besohlung leisten.« Diese Rechnung ist mathematisch korrekt; wenige jedoch wollen sich mit ihr auseinandersetzen. Aber Geld zu sparen ist ohnedies nicht der Beweggrund für Kunden, sich Maßschuhe zu gönnen. Es gibt andere Motive für das »Investment Maßschuhe«. Der wichtigste:

Maßschuhe sind zeitlos. Der Kunde wählt Modelle wie ›Brogue‹ oder ›Loafer‹, ›Monk‹ oder ›Oxford‹. Diese Klassiker hat es immer schon gegeben und wird es immer geben. Mit rund sieben Modellen ist der Mann von Welt notabene jederzeit richtig ausgestattet.

Natürlich sollten Maßschuhe perfekt passen. Damit dieser Forderung entsprochen werden kann, müssen sie vom Maßschuhmacher optimal angepasst sein. Es ist übrigens ein Irrglaube, Maßschuhe seien gleich so anschmiegsam wie Hausschuhe. Erst nach mehrtägigem Eintragen (am besten stundenweise) wird jemand die Qualität des Tragekomforts zu schätzen wissen – und danach keine anderen Schuhe mehr tragen wollen.

Seit über zwanzig Jahren fertige ich nun schon Maßschuhe für meine Kunden, die aus der ganzen Welt kommen. Vor zwei Jahrzehnten war das Handwerk des Maßschuhmachers nahezu ausgestorben, und als ich Freunden und Kollegen mitteilte, ich würde eine Werkstatt für Maßschuhe aufmachen, erntete ich meist nur ungläubiges Kopfschütteln, und nicht wenige meinten, es gäbe keine Kunden mehr für edle Maßschuhe. Trotzdem eröffnete ich meine Werkstatt, und es war ein mitunter beschwerlicher Weg, sich bekannt zu machen. Wir Handwerker können nur durch unsere Leistung auf uns aufmerksam machen – und dabei hoffen, dass unsere Kunden von dieser Leistung erzählen. Maßschuhkunden reden aber nicht gerne über ihren Schuhmacher. Sie verschweigen das Thema »Maßschuhe« eher, um nicht als verschwenderisch zu gelten, da selbst sehr Vermögende oft nicht verstehen, wie jemand bereit sein kann, mehr als 2.000 Euro für ein Paar Schuhe auszugeben. Sie verstehen es deshalb nicht, weil sie nicht nachvollziehen können, wie viel Arbeit ein perfekt sitzender Maßschuh erfordert.

»Wir Handwerker«. Damit schließe ich auch jene Kollegen mit ein, die ich in diesem Buch vorstelle. Sie gehören zu den Besten ihres Fachs und schaffen mit ihrem Fleiß und ihrer unbändigen Leidenschaft für unser Handwerk Tag für Tag eine Renaissance der Qualität. Dieser Sinn für Qualität soll Sie in dem vorliegenden Buch fortan begleiten.

An dieser Stelle ein Wort in eigener Sache. Jeder Meister vollzieht Arbeitsschritte, die denen anderer Maßschuhmacher gleichen. Dennoch hat jeder seinen eigenen Stil, hat jeder seine persönlichen Vorlieben, ja »Hobbys«. Mein »Steckenpferd« sind Sportschuhe. Deshalb weisen jene Passagen, in denen ich diese Schuhe abhandle und vorstelle, einen sehr persönlichen Duktus auf, einen, der, im Hinblick auf meine Kollegen, nicht eins zu eins kompatibel ist. Das ist aber gerade gut so, denn schließlich lebt unser Beruf von der Individualität jedes Einzelnen. Seien Sie also nicht irritiert, wenn ich versuche, Ihnen vieles aus meiner Warte zu erklären und nahezubringen. Um Sie mit den zahlreichen Arbeitsschritten, den wundervollen Materialien und den mannigfaltigen Techniken eines Maßschuhmachers umfassend vertraut zu machen, illustrieren zudem zahlreiche Fotos und Zeichnungen das Geschriebene – auch deshalb, weil, wie allgemein bekannt, ein Bild manchmal mehr aussagt als tausend Worte, und so habe ich mich entschieden, dort, wo es sinnvoll erscheint, Bilder zu Ihnen sprechen zu lassen.

Zum Schluss noch etwas Allgemeingültiges. Nur Insider erkennen Maßschuhe. Deshalb eignen sie sich nicht für Angeber und Wichtigtuer, sondern sind zurückhaltender Ausdruck eines Menschen, dem Qualität und gepflegtes Auftreten wichtig sind. Es handelt sich bei diesen Trägern eben um Gentlemen …

Baden-Baden, im Januar 2009

SOHLENSIGNALE: »SCHUHAUFTRITTE« AUF GROßEN BÜHNEN

In erster Linie sind Schuhe dazu da, um die Füße vor Nässe und Kälte, vor Schmutz und Dreck zu schützen, doch sie lassen uns auch, wie es so schön heißt, »über Stock und Stein gehen«. In der Welt der Mythologie und der Märchen spielten Schuhe schon immer eine tragende Rolle. Sie sind hier in der Lage, den Träger schneller rennen oder sieben Meilen mit einem Schritt zurücklegen zu lassen. Hans Christian Andersen wiederum erzählt in seinem Märchen *Die roten Schuhe*, wie die kleine Karen es nicht lassen kann, jene hübschen roten Schuhe, die eine seltsame Magie auf sie ausüben, anzuziehen und mit ihnen eine paar Tanzschritte zu machen – und fortan tanzen ihre Beine weiter, und ob Karen will oder nicht, sie kann nicht aufhören zu tanzen, und es ist, als hätten die Schuhe Macht über sie bekommen. Die Brüder Grimm dagegen warten in ihrem *Aschenputtel* mit einem glücklichen Ende auf, denn das arme Mädchen, verachtet von Stiefmutter und Stiefschwestern, wird schließlich vom Königssohn zum Altar geführt, weil nur sie in die Schuhe passt, nach deren Trägerin der blaublütig Geborene hat suchen lassen.

Schuhe können zudem etwas Sinnliches haben, etwa dann, wenn sie beim Gehen den ohnehin lasziven Hüftschwung noch mehr betonen, auch etwas Erotisches, so etwa, wenn bei einem Tête-à-Tête das Abstreifen der Schuhe signalisiert, dass danach noch andere Hüllen fallen werden. Auch die Mode ist ohne gefällig-för-

derndes Schuhwerk nicht denkbar – wohl kein Designer käme auf die Idee, etwa ein Kostüm von seinem Model barfuß vorführen zu lassen. Schließlich: Selbst in der Politik kommen Schuhe mitunter zum Einsatz, indem sie beispielsweise eine bestimmte Botschaft transportieren …

Theatralisches Kalkül?

Das Bild ging um die Welt. Da sitzt am 12. Oktober 1960 ein etwas rundlicher, untersetzter und mit wenig Haarwuchs ausgestatteter Mann während einer Versammlung vor seinem Pult, hat auf einmal einen Schuh in der Hand – und malträtiert im nächsten Augenblick das erwähnte Möbel. Die Aufmerksamkeit der Teilnehmer an der 15. Generalversammlung der UN-Vollversammlung ist ihm gewiss. Nicht nur sie: Die ganze (staunende) Welt war bald Zeuge des Wutausbruchs des Nikita Sergejewitsch Chruschtschow, seines Zeichens Erster Sekretär der ›KPdSU‹ und Regierungschef der Sowjetunion.

Der Grund für den besagten Wutausbruch: Thema der UN-Aussprache war die Beendigung des weltweiten Kolonialismus, doch Chruschtschow wollte lieber eine Debatte über gewisse amerikanische Praktiken anstoßen, war doch kurz zuvor, am 1. Mai, ein US-Spionageflugzeug über dem sowjetischen Territorium abgeschossen worden. Als nun ein philippinischer Delegierter vor der UN-Versammlung seine Sicht der Dinge zum eigentlichen Thema darlegte, ergriff Chruschtschow den Schuh, schlug damit auf sein Pult und tobte: »Warum darf dieser Nichtsnutz, dieser Speichellecker … dieser Lakai der amerikanischen Imperialisten hier Fragen behandeln, die nicht zur Sache gehören?«

Chruschtschow liebte das Säbelrasseln, und da er einen Hang zu theatralischen Auftritten hatte, gab er an jenem Tag dieser Neigung spontan nach. Doch lenkte ihn wirklich seine Spontaneität? Vor einigen Jahren meinte sein Sohn Leonid in einem Interview,

sein Vater wäre mit einem Ersatzschuh nach New York angereist, habe also schon vorher gewusst, wie und wann er dieses »schlagende Argument« am besten einsetzen würde. Wie dem auch sei: Jener historische Wutausbruch des gelernten Maschinenschlossers und ehemaligen Bergwerksarbeiters hat seinen Platz in der Geschichte sicher, abgelegt in der Rubrik »Skurriles«.

Ein Jahr später übrigens parodierte der geniale Regisseur Billy Wilder Chruschtschows Auftritt in seiner rasanten Filmkomödie *Eins, Zwei, Drei*, die in Berlin spielt und mit James Cagney, Horst Buchholz und Liselotte Pulver (Bild) wunderbar besetzt war.

Krampf im Wahlkampf

Einige Jahrzehnte später war Schuhen in der Politik erneut das öffentliche Interesse sicher, doch war dies Geschehen lange nicht so spektakulär wie der Protest des sowjetischen Regierungschefs. Im Jahre 2002 war's, als die ›Freien Demokraten‹, geleitet und gedrängt von Jürgen Möllemann, seinerzeitiges Enfant terrible der

19

Partei, das Ziel formulierten, bei der Bundestagswahl auf einen Stimmenanteil von satten 18 Prozent zu kommen. Auch wenn mit 7,4 Prozent das vorgegebene Ergebnis mehr als klar verfehlt wurde, so ist doch eine sehr werbewirksame Idee bei vielen Wählern heute noch im Gedächtnis: Der ›F.D.P.‹-Vorsitzende und -Spitzenkandidat Guido Westerwelle hatte sich in die Ledersohlen seiner Schuhe die Zahl »18« in der Parteifarbe Gelb einfräsen lassen und zeigte bei jeder passenden und unpassenden Gelegenheit seine Sohlen. Die Aufmerksamkeit bei Presse und Wahlvolk war ihm zwar gewiss, doch das Ergebnis lag, wie gesagt, weit unter den Erwartungen. Was jedoch bleibt, ist die Erinnerung an eine ausgefallene Idee, und wer sich diese Idee im wahrsten Sinne des Wortes vor Augen führen möchte, der kann das im ›Deutschen Schuhmuseum Hauenstein‹ im Pfälzerwald tun, denn dort sind die Wahlkampfschuhe mit der gelben »18« ausgestellt.

Ein gekonntes Ausweichen

Das war eine der letzten »Amtshandlungen« von George W. Bush, dem 43. Präsidenten der Vereinigten Staaten von Amerika. Der Öffentlichkeit zeigte er jene gymnastische Gewandtheit am 19. Dezember 2008, dem Tag, als der irakische Fernsehjournalist Montasser el Saidi seine Schuhe in Richtung des mächtigsten Mannes der Welt warf, sein Ziel jedoch verfehlte, weil der sonst eher zögerliche Politiker Bush eine erstaunliche Reaktionsschnelligkeit an den Tag legte.

Diese Schuhattacke zeigt die differenzierte Stellung des Schuhs rund um den Erdball. Während Maßschuhmacher bei der Schuhherstellung viel Zeit, Liebe und Arbeit aufbringen und Politiker beim Wahlkampf dem Volk ihre Schuhsohlen zeigen, gibt es im arabischen Raum wohl kaum eine größere Beleidigung, als jemandem seine Sohlen entgegenzustrecken. Schuhe haben dort einen äußerst niedrigen Stellenwert; sie gelten als unrein. Jedenfalls erlangte durch die Schuhwurfattacke auf George W. Bush das Modell › 271 ‹ des türkischen Schuhfabrikanten Ramazan Baydan Weltruhm. Andererseits erklärt diese Geschichte auch, warum es keine bekannten arabischen Maßschuhmacher gibt.

Schuhfiktionen

Kehren wir zum Anfang des Kapitels zurück, zur fiktiven Welt. Wie in vielen Märchen, so spielen auch in zahlreichen Filmen Schuhe eine durchaus tragende Rolle. James Bond beispielsweise, als »007« *der* Geheimagent Seiner Majestät, konnte sich auf Funksignale verlassen, die in einem seiner präparierten Schuhabsätze empfangen wurden, während unter seinen zahlreichen Gegenspielern auch schon einmal einer war, dessen Messer in den Schuhspitzen bestimmt nicht dazu gedacht waren, die scharfen Gegenstände lediglich spazieren zu führen. Im *Tatort* wiederum wurde schon mancher Mörder durch seine Profilsohlen überführt. So auch in dem Krimi *Bienzle und der heimliche Zeuge*, ebenfalls aus der Reihe *Tatort*, in dem der von Helmut Zierl gespielte Mörder am Schachbrettmuster des Absatzes enttarnt wird. Diese Schuhe wurden eigens für den Film hergestellt, indem die Absätze von Hand ausgestemmt und mit dem Schachbrettmuster versehen wurden.

Genug der Geschichten. Wenden wir uns nun der Geschichte zu, genauer gesagt der Geschichte des Schuhs …

21

DURCH DICK UND DÜNN:
DIE GESCHICHTE DES SCHUHS

Wollte jemand die Geschichte des Schuhs erzählen, könnte er auch über die »Geschichte der Menschheit« schreiben, denn ehe unsere Vorfahren ein Dach zimmern oder ein Brot backen konnten, hatten sie Schuhwerk an den Füßen. Weil das vorliegende Buch jedoch über Schuhe handelt, sei zum Thema »Geschichte der Menschheit« auf entsprechende Literatur verwiesen, und weil auf den folgenden Seiten ausschließlich von »Maßschuhen« die Rede ist, kann dieser punktuelle Streifzug durch die Geschichte des Schuhs deshalb nur marginal ausfallen.

Soeben war bewusst von »Schuhwerk« die Rede, denn bei den ersten Fußbekleidungen von »Schuhen« zu reden, wie wir sie heute kennen, wäre wohl etwas weit hergeholt. Erst in der Jungsteinzeit gab es eine gewisse »Ahnung« von einem Schuh im eigentlichen Sinne: Zu flachen Sohlen aus Holz, mitunter aus Rinde, aber auch schon aus Leder gesellten sich Riemen, wodurch diese ersten »Sandalen« an den Füßen befestigt werden konnten. Erst Griechen, dann Römer verfügten über eine bessere Technik bei der Herstellung von Schuhen und fertigten bereits paarige Sohlen. Wie so vieles, was in der Antike zum Allgemeingut gehörte, verschwand auch das Wissen um die Schuherstellung in den finsteren Jahrhunderten des frühen Mittelalters.

In dieser dunklen Zeit kamen die ersten Fortschritte in Sachen »moderner« Fußbekleidung vornehmlich aus dem Osten: Zwar waren die Fellschuhe der Hunnen nichts anderes als ein grob zu-

Dialog um 1846: Bestellung eines Maßschuhs

»Ich habe Sie rufen lassen, weil ich Ihrer sehr benötigt bin. Meine Frau ist niedergekommen; sie hatte eine schwere Niederkunft, und ich war ihretwegen sehr in Sorgen.«

»Nun, wie geht es ihr jetzt?«

»Ziemlich gut, Gott sei Dank. – Ich habe weder Schuhe noch Stiefel mehr. Sie müssen mir das Maß nehmen, weil die letzten Stiefel, welche Sie mir machten, eng waren und mich drückten.«

»Sehr gern, mein Herr, ich werde sie etwas weiter machen. Sie haben die Gewohnheit, Ihre Stiefel ein wenig zu lange stehen zu lassen, bevor Sie sie anziehen; und man muss sie wenigstens erst zwei- bis dreimal tragen, ehe man sie ruhen lässt; dann schrumpfen sie nicht ein.«

»Nehmen Sie mir das Maß und machen Sie mir vier Paar Tanzschuhe und zwei Paar Rahmenschuhe. Ich wünsche die Sohlen dicht, das Oberleder fein und von guter Beschaffenheit und dass man den Rahmen nicht bemerke.«

»Wünschen Sie die Tanzschuhe spitzig?«

»Im Gegenteil. Ich will, dass sowohl die Tanz- als auch die Rahmenschuhe stumpf sein sollen.«

»Und wie wünschen Sie die Stiefel, mein Herr?«

»Nach der Mode, mit hohen Absätzen, jedoch nicht zu hoch.«

»Als ich Ihnen zuletzt das Maß nahm, sagten Sie mir, Sie wünschten, dass ich Ihnen ein Paar Halbstiefel machte.«

»Es ist wahr; ich hatte es vergessen. Machen Sie mir deren zwei Paar, um sie mit meinen langen Hosen zu tragen. Sorgen Sie aber dafür, dass sie auf dem Fußgelenk nicht zu eng werden, besonders die Stiefel nicht. Ich verlange sie etwas weit an diesem Teile.«

»Wenn Sie wünschen, dass Ihre Stiefel gut anliegen und Sie nicht drücken, müssen Sie Stiefelhölzer gebrauchen.«

»Meine Stiefel und Schuhe sollen weder weit noch enge sein, weder zu lang noch zu kurz. Sie müssen gemächlich sein – ich mag keine Hühneraugen.«

»Ich werde Sie nach Wunsch bedienen, mein Herr. Sie werden zufrieden sein.«

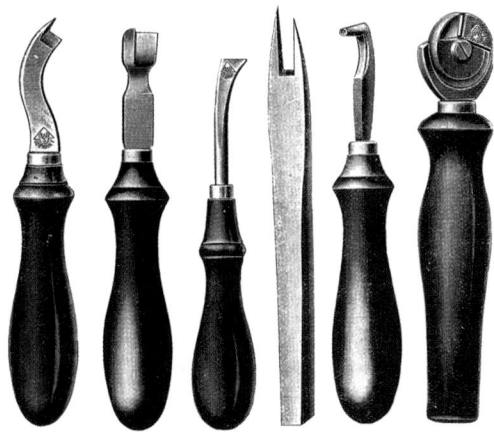

sammengenähter Strumpf aus Bärenfell, doch vereinte dieses Schuhwerk auf angenehme Weise Beweglichkeit und Wärme. Jene recht primitive Form der Fußbekleidung hielt sich immerhin bis in die Zeit Karls des Großen. Gang und gäbe war damals eine Art »Bundschuh«, gefertigt aus einem ganzen Lederstück, dessen Enden durchlocht und wie ein Beutel über dem Fuß zusammengebunden wurde.

In diesen Jahrhunderten hatte, was den Schuh anbelangt, der abendländische Kulturkreis herzlich wenig zu bieten. Erst langsam entwickelte sich hier das Schuhmacherhandwerk, so etwa in Frankreich, wo im 9. Jahrhundert eine der Fußform angepasste Schuhart aus weichem Material aufkam, die sehr stark an einen heutigen Pantoffel erinnerte. Um das Jahr 1200 ist dieser französische Schuh dann modisch verziert, und Anfang des 14. Jahrhunderts gehen aus ihm sowohl ein lederner Straßenschuh als

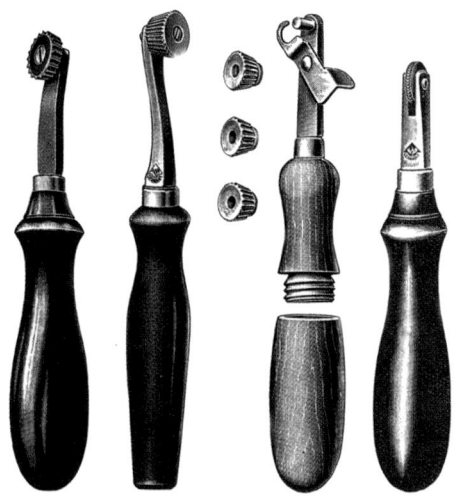

auch ein höfischer Salonschuh aus kostbarem, buntem Material
hervor – und der französische König Karl VI. verbrauchte im
Jahre 1387 sage und schreibe 252 Paar (!) weiche, hohe Stiefel. Er
konnte somit jedes Paar nicht viel länger als einen Tag getragen
haben.

Solche Stiefel waren übrigens ausnahmslos den Männern vorbehalten. Eine der Anschuldigungen, die gegen Jeanne d'Arc während ihres Prozesses vorgebracht wurden, war denn auch die, zu
hohe Stiefel getragen zu haben, was ihr als Frau nun überhaupt
nicht gezieme.

In Deutschland verlief die Entwicklung des Schuhs ähnlich wie in
den Nachbarländern. Einer, der damals, zu Beginn der Neuzeit,
das Schuhmacherhandwerk erlernte, war Hans Sachs, doch ist
der Spruchdichter vor allem als »Meistersinger von Nürnberg«
in die Annalen eingegangen und weniger als begnadeter Meis-
terschuhmacher. Das war zu der Zeit auch gar nicht möglich. Zwar
gab es über die Jahrhunderte hier und da Fortschritte, doch

Schuhe wurden wie schon seit Generationen symmetrisch hergestellt, das heißt, linke wie rechte Schuhe wurden über einen Leisten gefertigt. Da das Einlaufen solcher Schuhe recht schmerzhaft war, hielten sich Adel und Begüterte »Schuheinläufer«. Wer also damals mit neuen Schuhen unterwegs war, der konnte sich vernünftiges Schuhwerk einfach nicht leisten.

Einer der angesprochenen Fortschritte war der Absatz, der ab dem 16. Jahrhundert allmählich aufkam – vor allen Dingen erfreulich für Reiter und Kavalleristen, rutschten sie doch nicht mehr so schnell aus den Steigbügeln wie ehedem. Dann, im 17. und 18. Jahrhundert, trug der Gentleman hohe Stulpenstiefel, und erst im Laufe des 18. Jahrhunderts entwickelte sich das Erscheinungsbild des Schuhwerks in eine Richtung, wie wir sie heute kennen. Das ging einher mit der Erfindung des asymmetrischen Leistens, der es erstmals ermöglichte, fußgerechte Maßschuhe herzustellen. Und so lässt sich am Schluss dieses kleinen Streifzugs durch die Geschichte des Schuhs feststellen: Die Idee für eine fußgerechte Passform ist gerade einmal vor dreihundert Jahren geboren worden …

Leistenpaar von ›Rudolf Scheer & Söhne‹

KLASSISCHE MASSSCHUHE:
SPLEEN, LUXUS – ODER EIN MUSS?

Maßschuhe sind eine Sache für sich. Hier folgt mehr als irgendwo sonst die Form der Funktion. So steht auch über allem der Leitspruch: »Der Fuß ist das Maß aller Dinge« – und der Fuß ist mal empfindlich, mal nicht, ist morgens schlank und abends kräftig. Doch der Maßschuh soll immer passen und von früh bis spät den Träger durch den Tag begleiten. Der Maßschuh gilt als die Krone des Schuhhandwerks und erfreut sich immer größerer Beliebtheit, auch bei Kunden, die »nur« über ein mittleres Einkommen verfügen, die sich aber zunehmend für hochwertige Produkte interessieren und auch bereit sind, hierfür eine entsprechende Summe Geldes auszugeben. Statt jeder Mode blind zu folgen, investieren sie in eine gute Grundausstattung – und in eine, die ihrem ganz eigenen Stil entspricht. Das beginnt beim Maßhemd, setzt sich über den Maßanzug fort und hört beim Maßschuh noch lange nicht auf. Nicht nur im Hinblick auf gute Nahrungsprodukte haben viele wieder Geschmack an Qualität gefunden – im Bereich der Bekleidung vor allem an der »stillen Art« der Qualität. Denn »Maß« ist nichts für Großsprecher. Wer sich sichtbar über andere erheben will, definiert sich nicht selten ausschließlich über Luxusmarken. Solche Erdenbürger »brauchen« beispielsweise eine mit Brillanten besetzte Uhr von ›Rolex‹, obwohl dasselbe Uhrwerk auch in einer Ausführung aus Stahl tickt, und wenn es ein Behältnis zum Transportieren der Bagage sein soll, so kommt für sie nur ein exquisiter Reisekoffer von ›Louis Vuitton‹ in Frage. Nichts gegen Pro-

William Lobb

Zweifarbige Kalbsleder-Boots
zum Knöpfen in rahmengenähter
Machart (Rudolf Scheer & Söhne)

dukte von ›Rolex‹ und ›Louis Vuitton; sie weisen, wie die vieler namhafter Markenfirmen auch, eine ausgewiesene Qualität auf. Wer sich jedoch nur an Luxusprodukten orientiert, der verliert leicht den Blick für Wesentliches. Etwa für Maßschuhe …

»Du hast aber teure Schuhe an.« Derart angesprochen wird wohl kaum ein Maßschuhträger. Solchen Menschen gefällt es, wenn ihre Schuhe bei jedem Schritt passen, und sie spüren, was es heißt, einen individuell angepassten Schuh zu tragen. Maßschuhkunden sind meist zurückhaltende Genießer, die fernab jeglicher Modetrends ihren eigenen Weg gehen.

Gesund, individuell, modisch

Erst als der asymmetrische Leisten in das Schuhmacherhandwerk Einzug hielt, ließen sich bekanntlich fußgerechte Maßschuhe herstellen. So ist es auch heute noch: Ohne diesen Leisten kann kein Maßschuh entstehen. Er ist die Basis, um ein fußgerechtes Schuhwerk zu fertigen.

Nach der Pflicht kommt bekanntlich die Kür, will heißen: Der Schuh muss nicht nur passen, sondern sollte auch einen gewissen Stil haben. Was das Stilvolle angeht, so hat sich der Maßschuhmacher immer auch am Zeitgeist zu orientieren. Einerseits. Andererseits sollte er sich ihm jedoch nicht total hingeben, ihn schon gar nicht eins zu eins adaptieren, sondern lediglich bestimmte Modeströmungen aufmerksam verfolgen, um sie gegebenenfalls dezent in sein Produkt einfließen zu lassen. Hierfür ist ein gewisses Feeling unerlässlich: Was steht dem Kunden, was nicht? Ist der Kunde zum Beispiel von kräftiger Statur, darf der Schuh nicht zu elegant ausfallen, da ansonsten Träger und Schuh keine stilvolle Einheit bilden. Der Maßschuhmacher sollte demnach nicht nur ein Gespür für die zurückhaltende Umsetzung allgemeiner fashionaler Trends entwickeln, sondern, mehr noch, jene daraus resultierenden Erkenntnisse mit den individuell gepräg-

ten modischen Bedürfnissen des Kunden verbinden. Gleichwohl ist es letztendlich der Kunde, der Schuhe in Auftrag gibt, die seinem Gusto zu entsprechen haben, die zudem gleichermaßen zu seinem Stil und seinem Fuß passen.

Jetzt ist der Maßschuhmacher wieder gefragt. Damit alles von Erfolg gekrönt ist, ist ein Maßtermin unabdingbar. Bei diesem Termin, der nicht selten mehr als eine Stunde dauert, wird zum einen der Fuß perfekt vermessen, zum anderen während eines persönlichen Gesprächs festgestellt, wo überall »der Schuh drückt«, das heißt, wo kleine und auch größere »Wehwehchen« auftreten, sei es an den Füßen, den Knien, an der Hüfte, gar der Wirbelsäule. Das alles fließt mit in die Datenaufnahme des Maßschuhmachers ein, damit er nicht nur elegante Schuhe, sondern auch gut passende und den Fuß schonende anfertigen kann. Dann stellt sich noch die Frage, für welche Zwecke die Schuhe benötigt werden. Einer für die Straße stellt andere Anforderungen als einer für den Abend, gar für den Sport. Der persönliche Kontakt ist also durch nichts zu ersetzen, denn erst durch ihn wird letztlich »ein Schuh draus«, genauer gesagt ein Maßschuh – das gesündeste, zudem individuellste Schuhwerk für den Gentleman.

Rahmengenähter Krokoleder-›Slipper‹ (Riccardo Freccia Bestetti)

Anmerkung am Rande. Es gibt übrigens – gemessen an der Weltbevölkerung und den steigenden Fuß- und Rückenleiden – sehr wenige Maßschuhmacher, auch wenn hier ein Aufwärtstrend spürbar ist, der vor allem von jungen, aufstrebenden Handwerkern geprägt ist. Sie profitieren von der immer größer werdenden Zahl jener Schuhliebhaber, die entgegen allen Modediktaten ihren ganz eigenen Stil suchen und ausleben und auf Haltbarkeit, Reparaturfähigkeit und vor allem gesunde Ausstattung ihres Schuhwerks achten.

Ein weiter Weg

Es sind zahlreiche, mitunter sehr aufwendige Arbeitsschritte erforderlich, ehe ein Maßschuh seine endgültige Gestalt bekommt. Denn der Weg zum Maßschuh ist ein weiter Weg, einer, der vom Kunden so manches Zeitopfer verlangt. So sind, je nach Vorgehensweise des Maßschuhmachers, meist mehrere Anprobetermine nötig, bis schließlich nach der letzten Anprobe der Schuh fertiggestellt werden kann. Und so vergehen in der Regel mehrere Monate, ehe der Kunde erstmals in seine neuen Fußkleider schlüpft.

Der spannende Augenblick ist da – und es steht die Frage an: Passt der Schuh auch perfekt? In nahezu allen Fällen ist die Antwort ein eindeutiges »Ja«. Leider nur »nahezu«, denn auch der beste Maßschuhmacher ist ein Mensch und kann sich somit nicht vollends jener Regel entziehen, die bekanntlich Ausnahmen impliziert. Im konkreten Fall heißt das: Der Schuh sitzt nicht perfekt. Ergo muss ein neuer gemacht werden – und wiederum ist die Geduld des Kunden gefragt. In solchen Situationen erstaunt mich immer wieder die Gelassenheit, mit der viele Kunden diesem »Unglück« begegnen. Maßschuhe sind nämlich nur etwas für Geduldige. Hektik zeitigt hier meist nur schlechte Ergebnisse. Deshalb weise ich jeden Auftraggeber schon beim ersten Gespräch

Rahmengenähter Tassel-›Loafer‹
aus Kalbsleder mit Ledersohlen
(Rudolf Scheer & Söhne)

darauf hin, dass jegliche Unzufriedenheit, jegliches Zweifeln zur Sprache gebracht werden muss, denn nur durch den Dialog zwischen Handwerker und Kunde kann letztendlich ein optimales Ergebnis erzielt werden.

Von Preisen und Entlohnungen

Es folgen ein paar Worte in eigener Sache ... So manch einem schnürt es die Luft ab, wenn ich den Anschaffungspreis für ein Paar guter Maßschuhe mit mehr als 2.000 Euro angebe. Neben erstklassigem Material, das für einen komplett von Hand gefertigten Schuh unbedingt erforderlich ist, ist es vor allem der enorme Zeitaufwand, der hier notwendig ist. Ein Maßschuhmacher – wenn er denn die Schuhe von Anfang bis Ende alleine herstellt – schafft allerhöchstens drei Paare in der Woche, wobei die meisten eine Fünf-Tage-Woche, geschweige denn eine wöchentliche Arbeitszeit von 38 Stunden nur vom Hörensagen kennen. Kommt dann noch, was – Gott sei Dank – selten vorkommt, ein nicht passendes Schuhpaar hinzu, fällt der monatliche Verdienst natürlich um einiges geringer aus. Mit dem Fertigen von Maßschuhen lassen sich also keine Reichtümer anhäufen. Wegen dieses Aufwands und des individuellen Auseinandersetzens mit dem Kunden scheuen wohl viele Schuhmacher das Maßschuhhandwerk und begnügen sich mit Reparaturen.

Und dennoch: Wer seinen Beruf als Berufung versteht, der fühlt sich hin und wieder als »König«. Dann nämlich, wenn ein Kunde nach mehrtägigem Tragen seiner neuen Schuhe anruft und beispielsweise mitteilt, dass er seine Rückenschmerzen so gut wie gar nicht mehr, ja überhaupt nicht mehr spüre oder dass seine lästigen Kniebeschwerden »wie weggeblasen« seien. Das ist dann für manchen unserer Zunft Entlohnung genug, auch deshalb, weil seine Arbeit voll und ganz dem Prinzip entsprochen hat, welches da heißt: »Form follows function.«

DER TRADITION VERPFLICHTET: MASSCHUHMACHER VON INTERNATIONALEM RANG

Maßschuhmacher nennen sich viele. Doch wirklich gute, also solche von internationalem Rang, sind relativ dünn gesät. Einige von ihnen sollen hier in Wort und Bild vorgestellt werden.

Die Leidenschaft dieser Maßschuhmacher ist nach wie vor ungebrochen. Nicht nur geschicktes handwerkliches Können und der Wille, Traditionen zu bewahren, zeichnen sie aus. Ein Teil ihrer Philosophie ist es, den Kunden in ansprechendem Ambiente zu empfangen, da Werkstatt und Ladengeschäft doch einiges über den Maßschuhmacher aussagen. Wenn etwa ein Unternehmen wie ›John Lobb‹ seit Generationen im selben Geschäftslokal illustre Kunden empfängt – darunter waren unter anderem Enrico Caruso und Aristoteles Onassis –, hat es einen enormen Standort- und Flairvorteil. Ebenso verhält es sich mit der 1816 gegründeten Wiener Institution ›Rudolf Scheer & Söhne‹.

Jede Generation war und ist gleichwohl der letzten dankbar für die zuvor geleistete Arbeit, hat sich nicht in neueste Trends verbissen und somit Altes bewahrt. Diesen Umstand vor Augen, lässt sich heute durchaus vom »Kulturgut Maßschuhhandwerk« sprechen. Deshalb kann sowohl die gesamte Branche mit den nachstrebenden Maßschuhmachern als auch die Kundschaft den Lobbs und Scheers dankbar sein, dass sie behutsam und verantwortungsvoll ihr Geschäft betreiben.

Markus Scheer, Geschäfts-
inhaber von ›Rudolf
Scheer & Söhne‹, Wien

Mitarbeiter von ›Oliver M
beim Leistenrichten

Angesichts der mehr als fünf Generationen überdauernden Be-
triebe ›John Lobb‹ und ›Rudolf Scheer & Söhne‹ muss man beispielsweise Kollegen wie Benjamin Klemann und mich fast als
»Junge Wilde« bezeichnen, da wir nun unser Handwerk erst in
die zweite Generation überleiten. Die gleiche Sehnsucht nach Er-
halt und Bewahrung eines in den achtziger Jahren nahezu aus-
gestorbenen Handwerks mag uns getrieben haben, als wir ver-
suchten, mit unserer Werkstatt und unserem Ladengeschäft dieser Tradition ein zusätzliches Gesicht zu geben. Ganz anders verhält es sich dagegen bei Manfred Semmlin, der auf sechs Schuh-
machergenerationen zurückblickt, von denen jede ihr eigenes Ladengeschäft einrichtete. So gab und gibt sich Manfred Semmlin

mehr dem Fortschritt und der Moderne hin, ohne dabei allerdings den Sinn für Qualität und den Brauch der Vorväter zu ver-
nachlässigen. Genauso erfreulich ist es, dass ein Traditionsunternehmen wie ›Oliver Moore‹ in New York übernommen worden
ist (von Joan Silverman und Paul Moorefield) und eine solch alt-
eingeführte Manufaktur weiterbesteht und mit neuem Leben erfüllt wird.

USA: Oliver Moore, New York

Paul Moorefield, der seit 1984 Maßschuhe für Damen und Herren
anfertigt, betreibt mit Joan Silverman das Traditionsgeschäft ›Oliver Moore‹, erste Adresse für feine Maßschuhe in New York. Beide
haben sich der klassischen Maßschuhherstellung verschrieben.
Moorefield und seine Mitarbeiter bevorzugen die Rahmennähung
und fertigen darüber hinaus ihre Schuhe unter Berücksichtigung
orthopädischer Richtlinien. Die Schuhe des New Yorker Traditi-
onshauses sind eher sportlich im Design, wobei neben Kalbsleder
und ›Cordovan‹ auch Exotenleder verarbeit wird. Bei ›Oliver
Moore‹ beträgt die Lieferzeit für Maßschuhe circa drei Monate.

Rahmengenähte Kalbsleder-
›Norweger‹ mit Handnaht
im Blatt (Oliver Moore)

Ungarn: László Vass, Budapest

László Vass ist nicht nur ein begnadeter Schuhmacher, sondern auch Autor des Buches *Handgemachte Herrenschuhe* sowie ausgewiesener Kunstsammler und -kenner. Ausgebildet wurde er als Schaftstepper, Schuhmacher und Designer. Neben seinen Maßschuhen bietet er auch ein umfassendes Serienschuhprogramm. In seiner Werkstatt werden Schuhe in zwie- oder rahmengenähter Machart mit einer Mischung aus klassischer Eleganz und modernem Design hergestellt, wobei in aller Regel Kalbs-, Pferde-, Krokodil- und Straußenleder verarbeitet wird. Die Angebotspalette des Hauses ›László Vass‹ reicht vom Slipper über Schnürhalbschuhe bis hin zu Stiefeletten für Damen und Herren. Da für Vass rund zwanzig Mitarbeiter tätig sind, die meist Serienschuhe herstellen, allerdings in reiner Handarbeit, sind hier Maßschuhe günstiger zu haben als bei anderen Schuhmachern, die einen vergleichbaren exzellenten Ruf haben, aber nicht auf Serienfertigungen zurückgreifen. Auch die Lieferzeiten sind dadurch bei ›László Vass‹ relativ kurz.

Kalbsleder-›Budapester‹ in seiner reinsten Form, wobei die steile Spitze des Leistens für ein solches Original kennzeichnend ist (László Vass)

Österreich: Rudolf Scheer & Söhne, Wien

Das Traditionshaus ›Rudolf Scheer & Söhne‹ wird nun schon in siebter Generation von der Familie Scheer geführt. Maßschuhmacher Markus Scheer, der das Unternehmen leitet, hat nicht nur das Maßschuhhandwerk erlernt, sondern auch eine Ausbildung zum Orthopädieschuhtechniker absolviert. Vor allem deshalb legt er großen Wert darauf, die Formensprache seiner Schuhe mit orthopädischen Grundsätzen in Einklang zu bringen. Sein Stil reicht von klassisch bis modern, stets verbunden mit höchster Handwerkskunst. Es werden Halbschuhe, Slipper, Stiefeletten und Hausschuhe für Damen und Herren angefertigt. Markus Scheer setzt auf traditionelle Macharten und Techniken für die Herstellung seiner Maßschuhe. Bereits das Ladengeschäft lässt vermuten, dass hier nur beste Arbeiten und gediegener Service in der Tradition längst verloren geglaubter Werte anzutreffen sind. Die Lieferzeit für Maßschuhe aus dem Hause ›Rudolf Scheer & Söhne‹ beträgt wenigstens sechs Monate für Erstlieferungen und rund drei Monate für Nachbestellungen.

Eleganter rahmengenähter
Kalbsleder-›Spectator‹
mit Ledersohle
(Rudolf Scheer & Söhne)

Italien: Riccardo Freccia Bestetti, Mailand

Signore Bestetti, der sich seit seiner Jugend für Cowboystiefel begeistert, lernte sein Handwerk folgerichtig in den Vereinigten Staaten und hat sich als Autodidakt mit viel Fleiß und modischem Stilempfinden seine kleine Werkstatt aufgebaut. Bestetti baut Schuhe in einem modernen italienischen, extravaganten Design. Seinem Geschmack stets treu bleibend, lässt er dem Kunden wenig Spielraum. Entweder es gefällt, was er macht, oder es gefällt nicht. Seine Spezialität sind – wie könnte es anders sein? – Western-Boots. Die Lieferzeit für Maßschuhe »à la Bestetti« beträgt circa vier Monate. Er verwendet hauptsächlich Kalbsleder, bietet auf Wunsch aber auch Exotenleder an.

Rahmengenähter
Velours-›Desert Boot‹
mit Glattleder-Paspol
(Riccardo Freccia Bestetti)

England: John Lobb, London

Mittlerweile leitet William Lobb das Traditionsunternehmen.
1863 gegründet, ist ›John Lobb London‹ wohl die weltweit be-
kannteste Maßschuhmacherei, berühmt für feinste Damen- und
Herrenmaßschuhe, angefangen vom Slipper bis zum Reit- und
Polostiefel. Die Modelle werden in allen gängigen und exotischen
Ledern angefertigt. William Lobb selbst hat sein Handwerk im
Familienbetrieb gelernt, dort also, wo man das Traditionswissen
in Sachen Maßschuhe seit Generationen bewahrt und weitergibt.
Während im Hauptgeschäft in der St. James's Street nur Maß genommen und ausgeliefert wird, arbeiten, verteilt über die ganze
Insel, circa achtzig Schuhmacher für ›John Lobb‹. Bei diesem Traditionsunternehmen beträgt die Lieferzeit für das erste Paar
Maßschuhe rund acht Monate, während nachfolgende Bestellun-
gen nach etwa drei Monaten geliefert werden. Neben Maßschuhen
hält ›John Lobb‹ auch Lederaccessoires aller Art für seine inter-
nationale Klientel bereit.

William Lobb beim
Schaftzuschnitt

Deutschland: Benjamin Klemann, Hamburg

Er hat bei den besten Maßschuhmachern seiner Zeit gearbeitet.
Die Lehre absolvierte Benjamin Klemann bei Julius Harreis in
Neumünster, um danach in London für ›John Lobb‹, ›George Cleverly‹, ›Foster & Son‹ sowie ›Alan McAfee‹ zu arbeiten. Ende der
achtziger Jahre machte er sich in Deutschland selbstständig und
fertigt seitdem von Hand eingestochene Maßschuhe für Damen
und Herren in höchster Güte an. ›Klemann Shoes‹ ist heute ein
Betrieb mit sieben Mitarbeitern, von denen einige mehrfach als
Sieger bei Bundesleistungswettbewerben ausgezeichnet worden
sind. Die Modelle, die unter dem Label ›Klemann Shoes‹ gefertigt werden, sind klassisch-elegant, wobei für Erstlieferungen mit
etwa sieben Monaten Wartezeit zu rechnen ist. Hergestellt werden Schuhe, je nach Kundenwunsch, in allen Oberlederarten, darunter auch Haifischleder.

Zwiegenähter Kalbsleder-
›Full-Brogue‹ mit aufgedoppelter
Ledersohle (Klemann Shoes)

Deutschland: Manfred Semmlin, Bad Waldsee

Manfred Semmlin kann auf eine Schuhmacher-Familientradition verweisen, die bis ins Jahr 1838 zurückreicht. Er selbst hat sich auf die Herstellung von Sportmaßschuhen, klassischen Maßschuhen mit orthopädischer Ausrichtung sowie sportartspezifischen Einlagen spezialisiert und sich zusätzlich im Bereich computergestützter Bewegungsanalyse und Biomechanik einen exzellenten Namen gemacht. Profisportler aus den Bereichen Tennis, Golf, Triathlon, Fußball, Radrennsport und Ski Alpin wissen sein Know-how zu schätzen, und so ist manche Goldmedaille mit seinem Fachwissen und seiner Handwerkskunst verbunden. Darüber hinaus ist Manfred Semmlin Verfasser mehrerer wissenschaftlicher Beiträge zum Thema »Orthopädischer Maßschuh« und gibt weltweit Seminare für Sportler und Betreuer. Rund zwanzig Mitarbeiter arbeiten in seinem modernen Hightech-Unternehmen, in dem gleichwohl der Ursprung des Handwerks immer im Auge behalten und die traditionelle Handwerkskunst perfekt beherrscht wird. Die Lieferzeit für Maßschuhe aus seiner Werkstatt beträgt bis zu acht Monaten.

›Derby‹ aus Kalbs-Scotchgrain mit Ledersohle (Manfred Semmlin)

Manfred Semmlin mit
Triathlon-Weltmeister Daniel Unger

Von links nach rechts: Patrick Hofmeister sowie Kim, Nicola und Axel Himer

Deutschland: Himer & Himer,
Baden-Baden und Düsseldorf

Gemeinsam mit meiner Tochter Nicola fertige ich in Baden-
Baden (Tochter Kim mittlerweile in Düsseldorf) Maßschuhe für
alle Bereiche des Lebens an. Klassisches Schuhwerk nach Kundenwunsch sowie Sportmaßschuhe sind unsere Spezialität. Als
gelernter Orthopädieschuhmacher hat bei mir die Fußgesund-
heit oberste Priorität, und so bauen wir bei ›Himer & Himer‹ rah-
mengenähtes, zwiegenähtes, durchgenähtes und flexibel genäh-
tes Schuhwerk unter dem Motto »Form follows function«. Die
Lieferzeit für Maßschuhe beträgt durchschnittlich acht Monate.
Notiz am Rande: Die Werkstatt in Baden-Baden besitzt mit mehr
als 1500 Ausstellungsstücken auch ein kleines Schuhmacher-
museum, das auf Wunsch besichtigt werden kann (Führungen ab
zwölf Personen). 53

MAß ALLER LEISTEN: DER FUß

B eim Maßschuh dreht sich naturgemäß alles um den Fuß. Weil das so ist, kommt kein Maßschuhmacher umhin, sich mit dem Bau dieses Körperteils intensiv zu befassen. Erst wenn er den Fuß – seine Beschaffenheit wie auch seine Funktionen – begriffen hat, ist er in der Lage, die Schuhe des Kunden so herzustellen, dass beim Gehen weder etwas störend wirkt noch gar Schmerzen auftreten.

Der Fuß ist ein Kunstwerk aus 19 Muskeln, 26 Knochen und 107 Bändern. Dieses Wunder der Natur lässt den Menschen – trotz einer durchschnittlichen Gewichtslast von rund 70 bis 120 Kilogramm beim Mann – seit über zwei Millionen Jahren aufrecht gehen. Dabei kommt der Fußfläche eine besondere Bedeutung zu: Sie passt sich beim Barfußgehen perfekt an die Bodengegebenheiten an und reagiert flexibel, ist somit in der Lage, sich auf weichem Sandboden ebenso sicher zurechtzufinden wie auf unebenen, steinigen Wegen. Der Fuß ist also ein echter Superlativ und trägt uns circa 150.000 Kilometer durchs Leben. So jedenfalls das Ergebnis einer britischen Studie.

Bilden die Knochen des Fußes das Tragegerüst, so werden die einzelnen Muskeln durch Sehnen und Bänder am Knochen gehalten und gewährleisten so eine optimale Bewegung. Da sämtliche Fußmuskeln ein Zusammenspiel von Zug und Gegenzug sind, ist es wichtig, diese Balance nicht durch falsches Schuhwerk zu stören oder durch zu stark ausgeprägte Fußbettungen praktisch »totzulegen«.

Zum Überprüfen der Maße wird der Maßleisten während des Leistenbaus immer wieder auf die Blaupausentrittspur gestellt

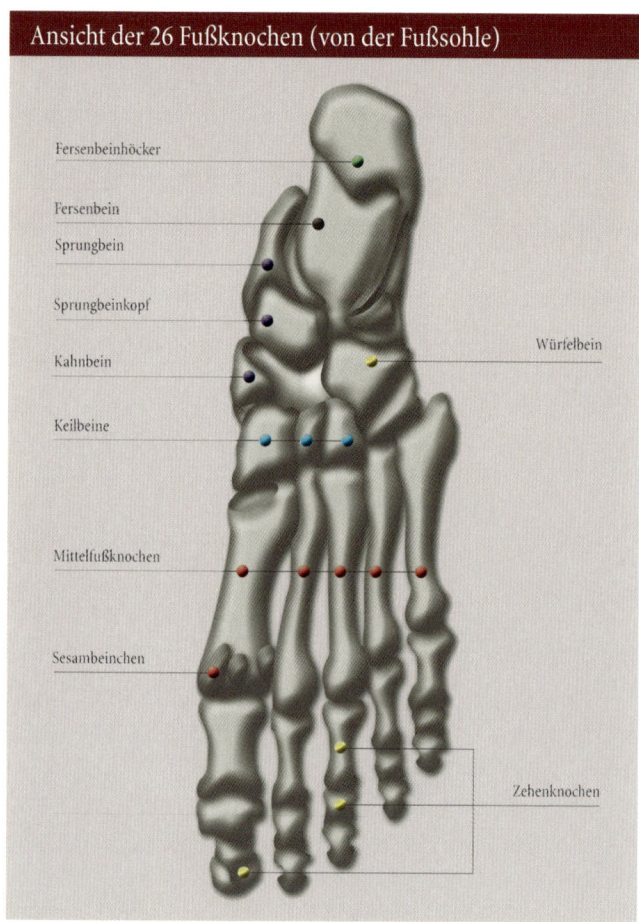

Ansicht der 26 Fußknochen (von der Fußsohle)

Fersenbeinhöcker

Fersenbein

Sprungbein

Sprungbeinkopf

Kahnbein

Würfelbein

Keilbeine

Mittelfußknochen

Sesambeinchen

Zehenknochen

Ferner verfügt der Fuß über ein perfektes, weit verzweigtes Nerven- und Gefäßnetz. Die Nervenfasern übertragen die ausgelösten Impulse für die Muskelkontraktion und geben permanent Informationen über die Position der Gliedmaßen an das Gehirn, leiten auch jede Form von Schmerz weiter. Eine schützende und reizaufnehmende Rolle spielt wiederum die Fußsohlenhaut. Auf

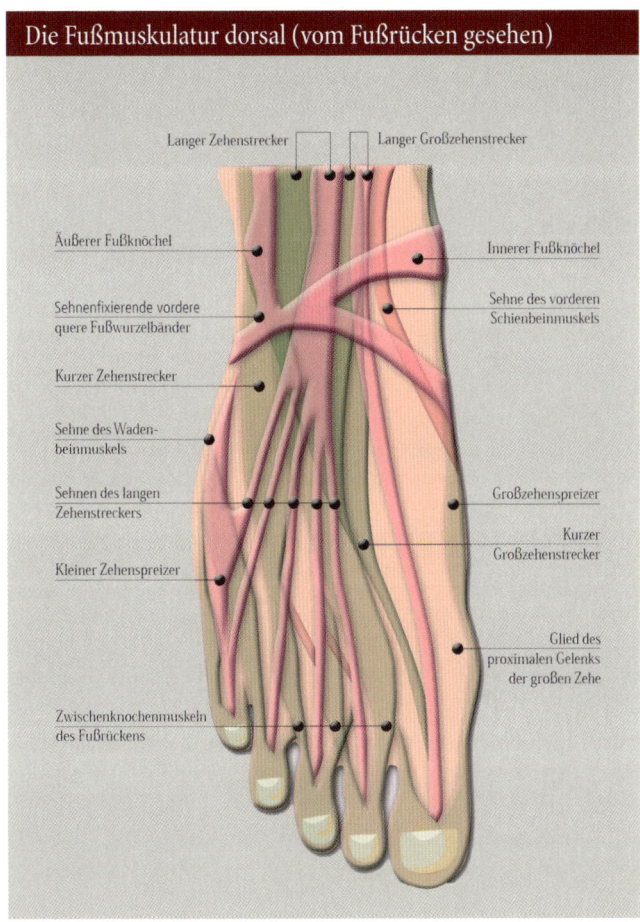

Die Fußmuskulatur dorsal (vom Fußrücken gesehen)

Langer Zehenstrecker

Langer Großzehenstrecker

Äußerer Fußknöchel

Innerer Fußknöchel

Sehnenfixierende vordere
quere Fußwurzelbänder

Sehne des vorderen
Schienbeinmuskels

Kurzer Zehenstrecker

Sehne des Waden-
beinmuskels

Sehnen des langen
Zehenstreckers

Großzehenspreizer

Kurzer
Großzehenstrecker

Kleiner Zehenspreizer

Glied des
proximalen Gelenks
der großen Zehe

Zwischenknochenmuskeln
des Fußrückens

ihr befinden sich pro Quadratzentimeter circa 360 Schweißdrüsen. Da die abgegebene Schweißmenge sehr hoch sein kann, ist daher bei der Auswahl des Schuhmaterials unbedingt auf gute Schweißaufnahme und -abgabe bei direktem Fußkontakt zu achten. So beugt man beispielsweise Pilzerkrankungen und Bakterien vor.

Oft zu wenig beachtet: Die Zehen

Fuß ist nicht gleich Fuß. Da dem so ist, gibt es auch verschiedene Zehenformen.

Zum Beispiel den ägyptischen Fußtyp, bei dem der Großzeh der längste Zeh ist. Er bedarf einer eingehenden Beachtung bei der Herstellung des Leistens, damit er nicht an der Schuhspitze anstößt oder einen zu frühen seitlichen Druck erfährt und somit eine Zehenfehlstellung entsteht, die den Großzeh unweigerlich zum nächsten Zeh drückt. Ist das der Fall, spricht man von einem »Hallux valgus«. Daran leiden häufig Fußballspieler, und zudem kann diese Zehenstellung erblich bedingt sein.

Beim römischen (meist breiten) Fuß dagegen sind, vom großen Zeh aus gesehen, die ersten drei Zehen in der Regel gleich lang. Hier wird es schwierig, einen eleganten Schuh anzufertigen, ohne die Zehen einzuschränken. Man erkauft sich die Eleganz über eine größere Spitzenzugabe, als das normalhin geschieht.

Der griechische Fuß schließlich hat den zweiten Zeh als längsten Zeh – und der stößt beispielsweise bei Bergschuhen, die wegen der Gefahr des Stolperns gerne kurz gehalten werden, an der Schuhspitze an. Beim Maßschuh lässt es sich meist problemlos bewerkstelligen, diesem zweiten, längeren Zeh ausreichend Platz zur Verfügung zu stellen.

Diese drei Fußtypen sind aber nicht die einzigen, die beim Menschen anzutreffen sind. Zwar kommen die anderen bei Weitem nicht so häufig vor wie die bereits beschriebenen Fußtypen, seien aber doch der Vollständigkeit wegen genannt: angelsächsisch (schmal und lang), germanisch (Rückfuß schmaler als Vorderfuß), romanisch (breit mit gerader Achse), baltisch (Großzeh betont, breiter Rückfuß). Übrigens ist der ägyptische Fuß der am häufigsten anzutreffende, gefolgt vom römischen, während der griechische Fuß an dritter Stelle kommt.

Betrachtet man die Zeichnungen auf dieser Seite, ist sofort klar, warum so viele Männer Probleme beim Kauf passender Schuhe haben, obwohl es nicht wenige Marken gibt, die mit verschiedenen Weiten aufwarten. Doch anscheinend ist dieser Umstand etlichen Herren der Schöpfung noch nicht bekannt.

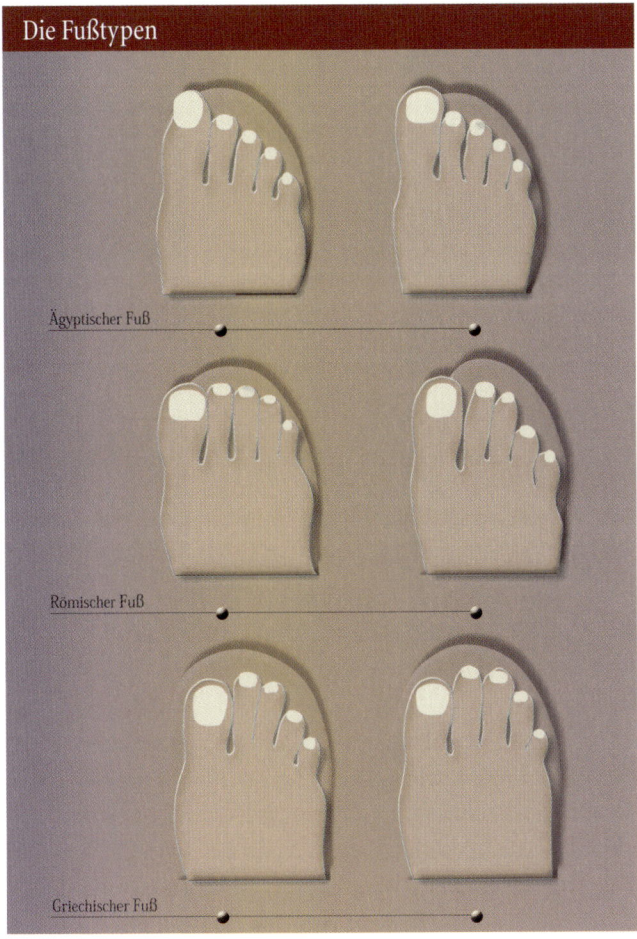

Die Fußtypen

Ägyptischer Fuß

Römischer Fuß

Griechischer Fuß

Signale an den Körper: Die Fußreflexzonen

Die Fußsohlen haben noch weit mehr zu bieten als zahlreiche Schweißdrüsen. Eine ganz wichtige Funktion haben die unterschiedlichen Reflexzonen. Sie sollten behutsam mit ihnen umgehen, sie also nicht zu sehr strapazieren, etwa durch zu enges Schuhwerk. Denn das kann einen permanenten Reiz auf die Reflexzonen des Kopfes, des Kniegelenks, der Hüfte oder der Halswirbelsäule ausüben, was wiederum zu Kopfschmerzen führen und Verspannungen auslösen kann.

Wenn Sie sich einmal die Reflexzonenzeichnung der rechten Fußsohle ansehen, dann wird Ihnen bewusst, wie sensibel ein Fuß ist und welche Auswirkungen ein falsches Fußbett haben kann. Ist das der Fall, werden häufig Einlagen getragen – wodurch nicht zwingend eine Besserung eintritt. Sehr oft unterstützen Einlagen den Fuß zu sehr, so dass entweder Bänder und Muskulatur erschlaffen oder der Fuß mit einem zu starken Druck an solchen Stellen regelrecht malträtiert wird, die besser in Ruhe gelassen werden sollten.

Hier kann eine Fußreflexzonenmassage Abhilfe schaffen. Deshalb sollte nicht versucht werden, die angestrebte Erleichterung durch stundenlanges Tragen von Spezialeinlagen zu erreichen, sondern es ist hier geraten, sich für eine richtige Massage zu entscheiden, durchgeführt von einem ausgebildeten Masseur beziehungsweise Heilpraktiker. Auf jeden Fall sollte etwas geschehen, denn permanenter Reiz kann kaum gesund sein.

Die Reflexzonenmassage basiert darauf, dass der rechte Fuß der rechten Körperhälfte entspricht und der linke Fuß der linken. Demnach findet sich für paarige Organe wie etwa der Niere auf beiden Füßen eine Zone, während beispielsweise die Zone für das Herz dem (meist) linken Fuß zugeordnet ist. Hier sind intensive Massagen geraten, setzen sie doch Selbstheilungskräfte frei, so

Fußreflexzone rechts (von unten gesehen)

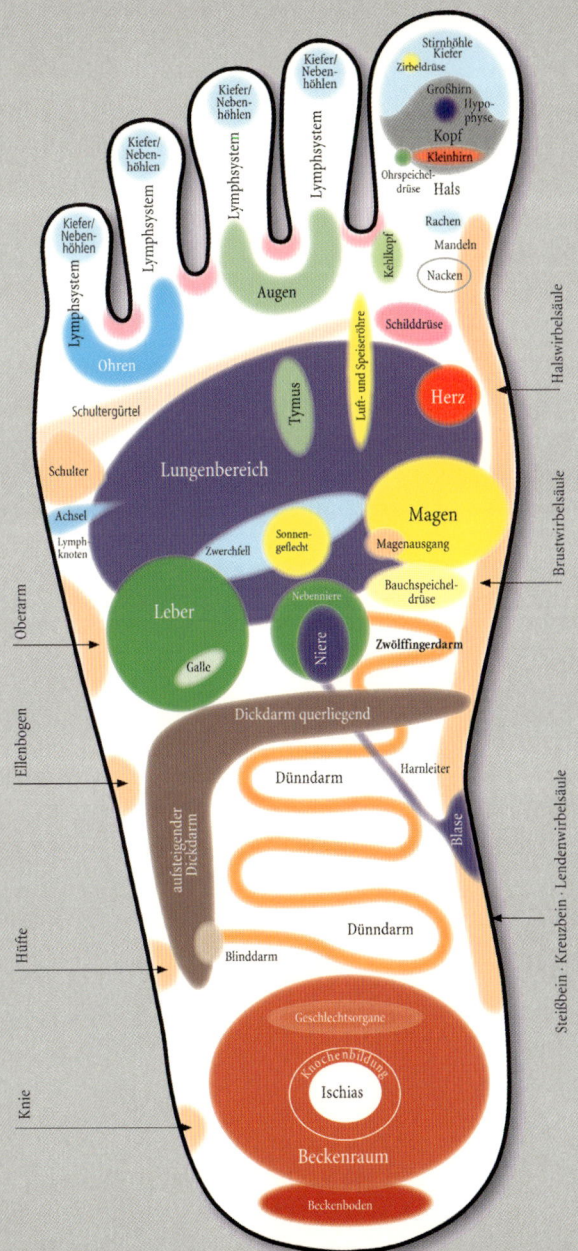

Stirnhöhle
Kiefer
Zirbeldrüse
Großhirn
Hypophyse
Kopf
Kleinhirn
Ohrspeicheldrüse
Hals
Rachen
Mandeln
Nacken
Kehlkopf
Schilddrüse

Kiefer/Nebenhöhlen
Lymphsystem
Lymphsystem
Lymphsystem
Lymphsystem
Lymphsystem
Kiefer/Nebenhöhlen
Kiefer/Nebenhöhlen
Kiefer/Nebenhöhlen
Augen
Ohren

Herz
Tymus
Luft- und Speiseröhre
Schultergürtel
Lungenbereich
Magen
Schulter
Magenausgang
Achsel
Zwerchfell
Sonnengeflecht
Lymphknoten
Bauchspeicheldrüse
Leber
Nebenniere
Galle
Niere
Zwölffingerdarm

Dickdarm querliegend
Harnleiter
Dünndarm
aufsteigender Dickdarm
Blase
Dünndarm
Blinddarm

Geschlechtsorgane
Knochenbildung
Ischias
Beckenraum
Beckenboden

Oberarm
Ellenbogen
Hüfte
Knie

Halswirbelsäule
Brustwirbelsäule
Steißbein - Kreuzbein - Lendenwirbelsäule

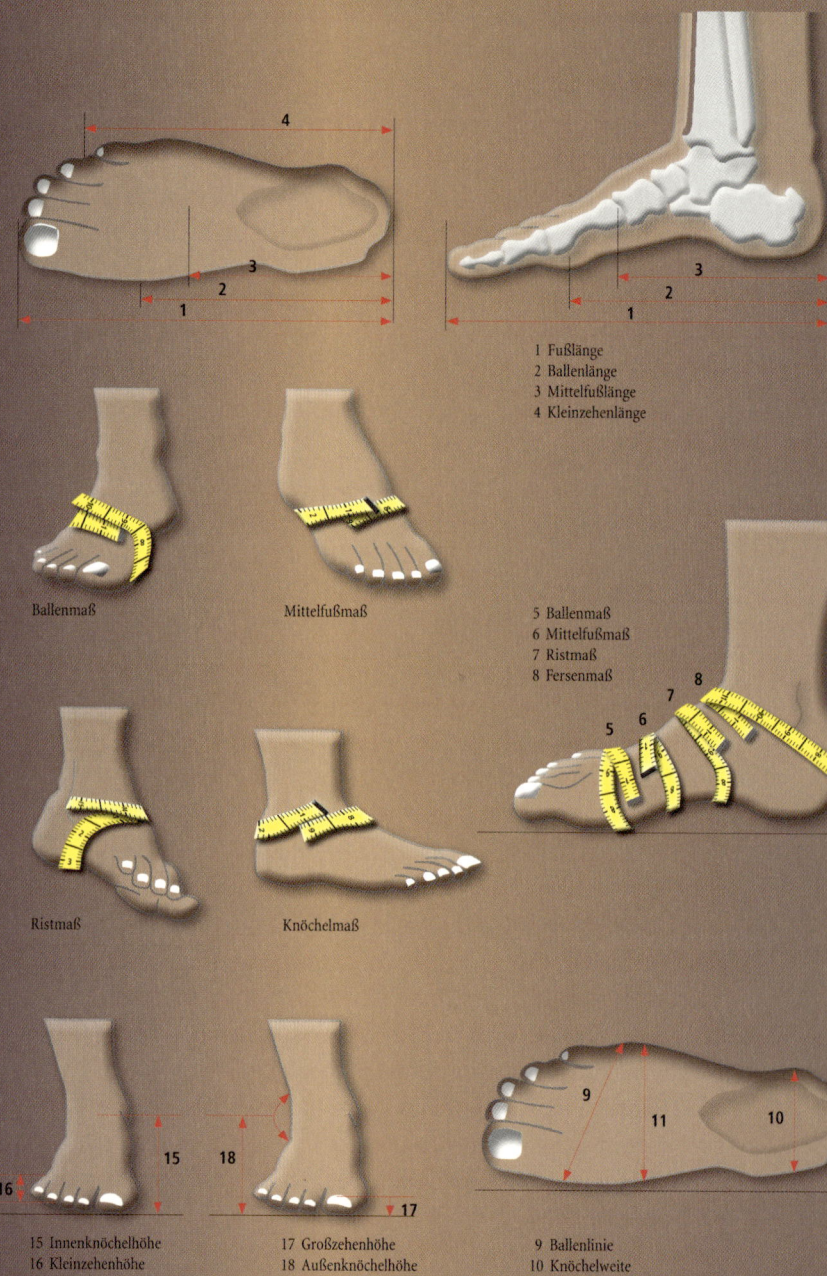

1 Fußlänge
2 Ballenlänge
3 Mittelfußlänge
4 Kleinzehenlänge

Ballenmaß

Mittelfußmaß

5 Ballenmaß
6 Mittelfußmaß
7 Ristmaß
8 Fersenmaß

Ristmaß

Knöchelmaß

15 Innenknöchelhöhe
16 Kleinzehenhöhe

17 Großzehenhöhe
18 Außenknöchelhöhe

9 Ballenlinie
10 Knöchelweite
11 Mittelfußmaß

jedenfalls die Überzeugung der meisten Physiotherapeuten. Ihnen geben bereits Temperatur, Form und Aussehen der Füße, der Zustand der Haut sowie ihr Geruch Aufschluss über den gesundheitlichen Zustand eines Menschen.

Fußreflexzonenmassagen sollten, wie gesagt, nur ausgebildete Kräfte durchführen. Unabhängig davon sollten Sie auch selbst Ihren Füßen immer wieder eine Auszeit gönnen (quasi einen »Ölwechsel« vornehmen), indem Sie heißkalte Fußbäder vornehmen. Zusätze mit Öl zur Hautberuhigung können dabei ebenso wenig schaden wie belebende Fichtenessenzen. Schließlich sollten Sie überflüssige Hornhaut entfernen und Ihre Zehennägel kurz halten, um somit Verwachsungen der Zehen vorzubeugen.

Das richtige Maß

Das Maßnehmen ist für die Passgenauigkeit eines Schuhs von enormer Bedeutung. Als erstes wird eine Blaupause vom Fußabdruck gemacht und dann der Fußumriss auf der Blaupause eingezeichnet – Schritte, welche für die Brandsohlenkonstruktion von großer Wichtigkeit sind. Danach wird der Fuß wieder auf die Blaupause gestellt und an verschiedenen Punkten vermessen,

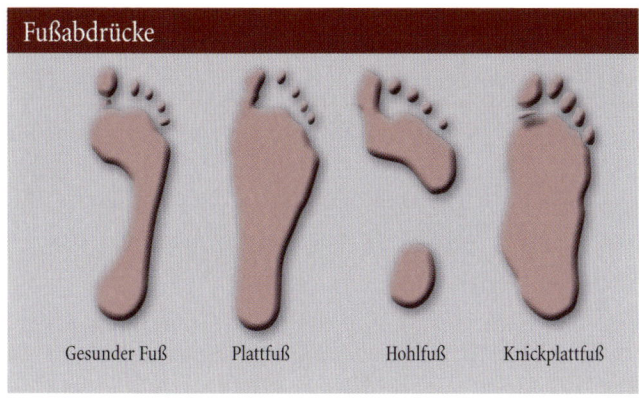

Fußabdrücke

Gesunder Fuß   Plattfuß   Hohlfuß   Knickplattfuß

wobei für einen Halbschuh logischerweise weniger Maße benötigt werden als für einen Stiefel.

Jeder Maßschuhmacher hat sein individuelles Maßsystem, mit dem er zum Ziel des perfekt passenden Schuhs kommt. Meine Maße, die ich nehme, beschränken sich auf die wesentlichen Merkmale und das »Lesen« des Fußabdrucks. Am Ende dieses Prozesses steht der »Gehprobeschuh«. Da ich bis zu diesem Schuh sowohl mit Plastik- als auch mit Lederprobeschuhen arbeite, ist der Gehprobeschuh praktisch die letzte »Instanz«, jene, die es dem Kunden ermöglicht, seinen Maßschuh zu »erfühlen« (siehe auch die Seiten 76 und 77).

Das Maßnehmen kann übrigens zu jeder Tageszeit stattfinden, denn schließlich hat ein Maßschuh zu jeder Zeit zu passen. Beim Probieren von Serienschuhen ist das anders. Sie sollten erst abends anprobiert beziehungsweise gekauft werden, da der Fuß zu jener Tageszeit kräftiger ist als morgens. Zudem sollten Sie die Art der Strümpfe, die Sie in den auszusuchenden Schuhen tragen möchten, unbedingt dabei haben, wobei hierzu zu sagen ist: Der dünnere Strumpf gehört in den Abend- und den Straßenschuh, während ein gröberer für den Golf- wie für den Wanderschuh geeignet ist.

Abdrücke als Spiegel

Der Fuß ist bei den meisten Menschen der Körpergröße angepasst. In der Regel gilt: Je größer der Mensch, desto größer der Fuß. Ideal sind folgende Voraussetzungen: Das Gewölbe ist gut ausgeprägt, die Muskulatur fest, die Fußsohle ausreichend gepolstert, die Hautoberfläche glatt, und die Schweißabsonderungen sind nicht zu stark.

Weicht ein Fuß vom gesunden Mittel ab, hat das verschiedene Gründe. Übergewichtige Menschen beispielsweise haben breitere

Füße und oft auch einen hohen Spann, da die Muskulatur des

Fußes einiges an Arbeit leisten muss. Außerdem neigen sie zum Plattfuß, vergleichbar mit Kinderfüßen, die Muskulatur und Bänder erst im Laufe der Zeit aufbauen. Deshalb ist bei Kindern meist eine Einlage nicht angebracht, es sei denn, es bestehen grobe Deformationen. Zahlreiche Sportler, etwa Tennisspieler, Fußballer, Läufer, Fechter und solche, die in ähnlich fußaktiven Sportarten aktiv sind, haben dagegen Anzeichen, die nicht selten in Richtung Hohlfüßigkeit gehen.

Der Knickplattfuß wiederum ist Spiegel und Ausdruck des endgültigen Versagens aller Bänder und Muskeln und bedarf echter orthopädischer Schritte am Maßschuh. Ein Maßschuh kann solch ein Fehlstellungsproblem zwar nicht abschaffen, kann aber wohl Schmerzzustände mindern, mitunter sogar beseitigen.

Analysen von hoher Wichtigkeit

Damit der Maßschuhmacher einen für den Kunden optimalen Schuh erstellen kann, ist eine sorgfältige Trittspuranalyse unerlässlich, ja Voraussetzung. Würde er sie nicht durchführen, wäre das Ergebnis – ein Schuh, der Mängel des Fußes ausgleicht und ein bequemes Tragen gewährleistet – in keinem Fall ein gänzlich zufriedenstellendes, wären somit auch die folgenden Arbeiten praktisch nutzlos.

Zunächst einmal liefert die Trittspur ein Standbild des Fußes. Trotz ihrer Zweidimensionalität gibt sie dem Maßschuhmacher Aufschluss über Form und Beschaffenheit und somit wertvolle Hinweise auf die unterschiedliche Belastung des Fußes. Je nachdem, ob es sich um einen Hohl-, einen Knick-, einen Knicksenk- oder um einen Sichelfuß handelt, wird der geübte Maßschuhmacher – auch unter Einbeziehung der Erkennungsmerkmale, welche die bisher getragenen Schuhe aufweisen (Gangbild des Fußes) – die entsprechenden Arbeiten beim Leistenrichten wie beim Fertigen des Schuhs selbst vornehmen.

Trittspuranalyse

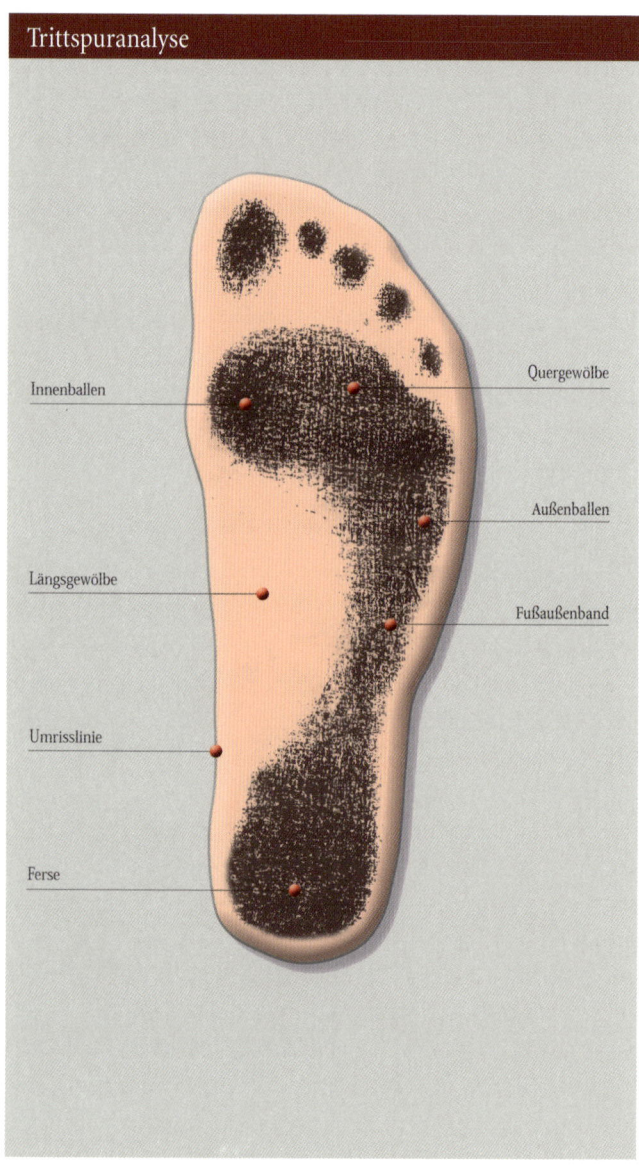

Innenballen

Quergewölbe

Außenballen

Längsgewölbe

Fußaußenband

Umrisslinie

Ferse

Sichelfuß. Beim Sichelfuß ist am getragenen Schuh der Absatz außen über eine längere Strecke abgelaufen, fast der gesamte äußere Rand der Sohle abgenutzt und das äußere Gelenk durchgetreten. Außerdem drückt der äußere Knöchel auf die Schaftkante, ist der Schuhaußenrand nach der Hinterkappe über den Rahmen getreten, auf der Decksohle der äußere Bereich komplett dunkel verfärbt, zudem noch das Futter im Bereich des Fußaußenrands stark beansprucht.

Der Sichelfuß ist mit einer O-Bein-Stellung verbunden, während die Großzehe zur Körpermitte hin zeigt, weshalb der Fußaußenrand vom Höcker des fünften Mittelfußknochens bis über den Außenballen stark belastet wird. Darüber hinaus ist das innere Längsgewölbe hochgezogen.

Beim Leistenrichten ist zu beachten, dass die Großzehe tiefer gelegt werden muss, um der starken Belastung des Fußaußenrands entgegenzuwirken. Der Höcker des fünften Mittelfußknochens muss ebenfalls tiefer gelegt werden, und seitlich ist Platz zu schaffen. Ansonsten muss sich der Leisten nach der Fußform richten. Da die Sichelform nicht wegzubekommen ist, genügen die gerade beschriebenen Maßnahmen allein nicht, sondern es wird zum Ausgleich am Schuh eine zusätzliche Außenranderhöhung vorgenommen und der Absatz leicht nach außen gebaut.

Knickfuß. Hier ist beim getragenen Schuh in der hinteren Mitte der Absatzfleck abgelaufen, die Fersenkappe auf der Innenseite ausgebeult und das Fersenfutter seitlich außen auf circa zwei Zentimeter Höhe abgewetzt. Weitere Merkmale: Die Sohle läuft sich am Außenballen normal ab, der Schaft tritt über den Rahmen, die Decksohle ist auf der Ferseninnenseite dunkler.

Der Knickfuß ist mit einer X-Bein-Stellung verbunden (wobei die Zehen drei bis fünf fast übereinander auf einer Linie liegen), das Quergewölbe einer starken Belastung ausgesetzt (sichtbare vierte und fünfte Mittelfußköpfchen), während das Längsgewölbe als

67

Sichelfuß

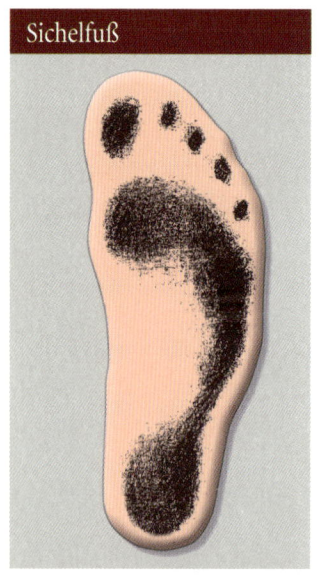

Knickfuß

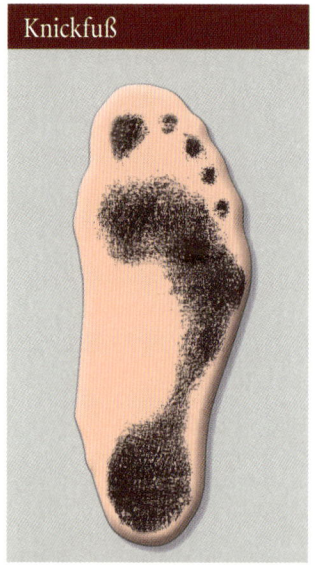

Knicksenkfuß

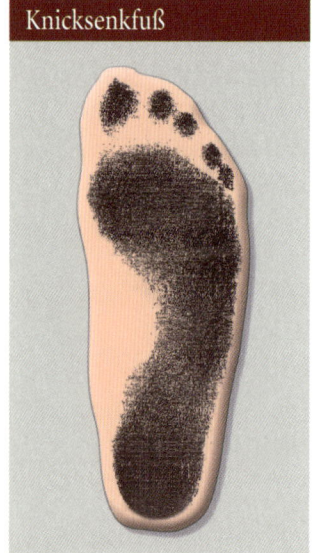

Hohlfuß

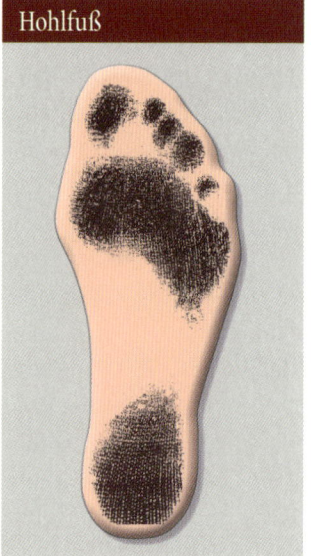

große weiße Fläche erscheint, bedingt durch das Überhängen der Fußwurzel nach innen. Schließlich liegt die Umrandungslinie der Ferse innen näher an der Fersenauftrittsfläche als außen.

Beim Leistenrichten muss der Maßschuhmacher bei sichtbarer Ausprägung des Höckers am fünften Mittelfußknochen diesem Höcker auf der Sohlenbahn nach unten Platz schaffen, das heißt, es ist am Leisten aufzubauen. Um vom Außenballen Druck weg-zunehmen, wird die Großzehe tiefer gelegt, was einer Außen-randerhöhung gleichkommt. Die Fersenpartie wiederum wird wie der Fuß gestaltet, das heißt, an der Fersenseite muss innen und außen Platz geschaffen werden. Am Schuh selbst werden die Hinterkappen und das Fußbett verstärkt, wird zudem innen ein Flügelabsatz eingebaut.

Knicksenkfuß. Ein Knicksenkfuß ist beim getragenen Schuh am fast durchgetretenen inneren Längsgewölbe zu erkennen. Zu-sätzlich drückt die Hinterkappe auf der Innenseite nach außen, während die Decksohle großflächig dunkel verfärbt ist, das heißt, es gibt kaum helle Stellen.

Der Knicksenkfuß ist mit einer X-Bein-Stellung verbunden, das äußere Längsgewölbe abgesenkt, und zudem reicht die Fersen-auftrittsfläche innen weit nach vorne.

Der Leisten ist so zu richten, dass die Großzehe tiefer liegt und der Fersenbeinbalkon künstlich gestützt wird, indem man vom inneren Längsgewölbe Holz wegnimmt. Am Schuh selbst sind die Hinterkappen zu verstärken, muss innen ein Flügelabsatz einge-baut werden, während das Fußbett eine Pelotte erhält.

Hohlfuß. Ein Hohlfuß ist am getragenen Schuh daran zu erken-nen, dass die Sohle auf Höhe der Großzehe abgewetzt ist, da bei der Fußabrollung das Großzehengrundgelenk schneller über-gangen wird und das Hauptgewicht beim Abstoßen auf der Groß-zehe liegt. Ferner ist auf der Decksohle der Fersenbereich sehr dunkel, der Abdruck der Großzehe deutlich zu sehen, die gesamte

Ballenpartie dunkel verfärbt, sind das innere und das äußere Längsgewölbe hell.

Die Beinstellung ist zwar normal, jedoch wird die Großzehe stark belastet, das Quergewölbe ist meist durchgetreten (Spreizfuß!), das Längsgewölbe durchgehend hell, das heißt unbelastet, wohingegen die Ferse deutlich dunkel gefärbt ist.

Beim Leisten ist darauf zu achten, dass der starke Druck auf Ferse und Quergewölbe gleichmäßig auf die ganze Fußsohle verteilt und die Gelenkpartie der Form des inneren Längsgewölbes angepasst wird.

Fazit. Es ist gerade diese Trittspuranalyse, verbunden mit der nachfolgenden aufwendigen Arbeit am Leisten wie am Schuh, die den Unterschied zwischen einem Serienschuh, selbst wenn solch ein Schuh handgefertigt ist, und einem Maßschuh ausmacht – und letztendlich auch den aus diesem Aufwand resultierenden höheren Preis für einen Maßschuh erklärt.

Was ein Maßleisten leisten muss

Der Maßleisten ist ein Zusammenspiel von Ist-Maß, Untermaß und Übermaß an den richtigen Stellen, um den Fuß bei ausreichender Bewegungsfreiheit so zu führen, dass durch die Maßschuhe keine Schwielen oder Hühneraugen entstehen. Er berücksichtigt auch die ästhetischen Vorstellungen des Kunden, somit letztendlich auch das Aussehen des Schuhs – und er ist der Datenträger für zukünftige Schuhe, denn über ihn werden die Maßschuhe gefertigt. Meistens ist der Maßleisten aus Buchenholz gefertigt, da dieses Holz nicht feuchtigkeitsanfällig ist, eine ausreichende Dichte der Fasern aufweist und damit als langfristiger, jahrzehntelanger Datenträger gilt (siehe auch Abbildung auf der folgenden Seite)

Jeder Maßschuhmacher hat seine eigenen Grundmodellleisten, die er den Gegebenheiten des jeweiligen Kundenfußes anpasst.

Als Material wird bei Maßleisten nur Holz eingesetzt, vornehmlich Weißbuche und Rotbuche, weil beide Holzarten hierfür ideale Eigenschaften besitzen. Aber auch Ahorn, Eiche und andere Holzarten finden teilweise Verwendung. Nachdem das Holz gesägt und in grobe Rohlinge geschnitten worden ist, wird es für zwei Jahre einer natürlichen Trocknung unterzogen. Da der Feuchtigkeitsgehalt des Holzes dann aber immer noch zu hoch ist, folgt anschließend eine rund dreiwöchige künstliche Trocknungsphase, die in drei Schritten erfolgt, bei denen die Temperatur von 20 über 35 auf 50 Grad Celsius erhöht wird. Aus diesen getrockneten Blöcken (links im Bild) stellt der Leistenbauer unter Zuhilfenahme von Schablonen in zwei Schritten einen Rohleisten her. Zuerst findet in einer Kopiermaschine, einer Art Drehbank mit rotierenden Messern, das Grobkopieren statt. Dieser grobe Leisten hat durch die Messer markante Riefen (siehe Bildmitte). Anschließend erfolgt im selben Arbeitsschritt die Feinbearbeitung durch Schleifscheiben. Das Ergebnis ist der Rohleisten (rechts im Bild). Dieser Rohleisten wiederum ist das Ausgangsmaterial für den Maßleisten.

Und so wird Material weggeschliffen oder hinzugefügt, beispielsweise dann, wenn der Spann sehr hoch ist. Außerdem ist etwas sehr Elementares zu beachten: In der Regel weichen beide Füße sowohl in den Maßen als auch der Fußform voneinander ab. Diese Unterschiede bringt der geübte Leistenbauer in Einklang, so dass sie dem Betrachter der fertigen Schuhe normalerweise nicht auffallen. Überhaupt ist Erfahrung hier der beste Lehrherr.

Der Leisten

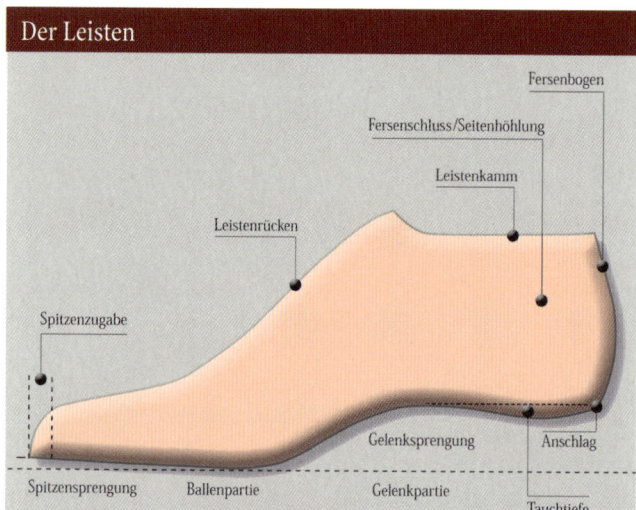

Fersenbogen

Fersenschluss/Seitenhöhlung

Leistenkamm

Leistenrücken

Spitzenzugabe

Gelenksprengung

Anschlag

Spitzensprengung   Ballenpartie   Gelenkpartie

Tauchtiefe

Die *Leistenspitze* ist die Partie der Zehen. Durch die Lage der Zehen wird die *Spitzenform* diktiert. Es gibt spitze, runde und Karree-Formen.

Die *Spitzenzugabe*, auch »Übermaß« genannt, hängt zum einen vom Schuhmodell ab: bei weichem Boden (Mokassin) kaum Zugabe; bei festem Boden (Bergschuh) eine Zugabe von circa 15 Millimetern; bei breiter Schuhspitze (Naturschuh) wenig Zugabe; bei schmaler Schuhspitze (Pumps) mehr Zugabe. Zum anderen hängt die Spitzenzugabe von der Absatzhöhe ab: niedriger Absatz bedeutet längere Abrollung und somit eine stärkere Bewegung der Zehen nach vorne (also mehr Zugabe); hoher Absatz bedeutet kürzere Abrollung (weniger Spitzenzugabe).

Die *Spitzensprengung* – der Abstand der Leistenspitze zum Boden – verhält sich ähnlich wie die Spitzenzugabe. Je stärker die Schuhspitze verlängert wird, umso mehr Spitzensprengung ist notwendig.

Die *Ballenpartie* ist dort, wo die Zehengrundgelenke auf die Mittelfußknochen stoßen. Es ist die breiteste Stelle des Fußes beziehungsweise des Leistens.

Die Ausrichtung des *Leistenrückens* (ob mehr Richtung Mittelachse oder mehr auf dem ersten Strahl, dem ersten Mittelfußknochen) ist abhängig von der Lage des Fußrückens. Die Ausprägung des langen gemeinsamen Zehenstreckers ist hier entscheidend.

Die *Gelenkpartie* bezeichnet den Teil der Sohlenbahn vom Ballen bis zum Fersenende, dem »Anschlag«. Den Unterschied zwischen Ballen und Absatzpartie nennt man »Gelenksprengung«.

Die *Fersenpartie* besteht aus Leistenkamm, Fersenbogen sowie Fersenschluss und Seitenhöhlung. *Leistenkamm:* Seine Breite unterscheidet sich bei Halbschuh-, Stiefeletten- und Stiefelleisten. Die Leistenhersteller schlagen Modellnummer und Größenangaben in den Kamm. *Fersenbogen:* Er verläuft vom Kamm bis zum Anschlag. Seine Linie reicht von einer sanft geschwungenen (niedriger Absatz) bis zu einer ausgeprägten Rundung (hoher Absatz). Die Gestaltung des Fersenbogens wird durch die Form der Achillessehne geprägt. *Fersenschluss* und *Seitenhöhlung* sind für den Sitz der Ferse im Schuh zuständig.

Die *Sohlenbahn* schließlich erstreckt sich vom Anschlag bis zur Leistenspitze. Dabei ist die Fersenbettung so gestaltet, dass die Ferse eine Tauchtiefe bekommt, die ihrer natürlichen Form entspricht. Stehen und Gehen werden somit weniger ermüdend.

Seit einigen Jahren gibt es Bestrebungen, Füße zu scannen und Leisten von Fabriken anfertigen zu lassen. Mir wurde diese Vorgehensweise ebenfalls angetragen. Bis heute hat mir niemand einen zufriedenstellenden Leisten per Computer anfertigen können. Der direkte Kontakt zum Kunden und das Anfassen des Fußes mit dem Spürsinn für Druckempfindlichkeiten sind einfach nicht zu ersetzen. Nicht immer ist der Computer heilbringend, aber er ist auch nicht grundweg zu verdammen. Eine sinnvolle Mischung aus Bewahrung des Alten und Zulassen von Neuem lässt uns stetig an den aktuellen Herausforderungen wachsen. Falls es denn einmal einen guten Leisten per Computer geben sollte – ich bin mir sicher: Die besten Maßschuhmacher werden den elektronischen Gehilfen akzeptieren.

Zurück zur Arbeit. Der Maßleisten wird in Passform geschliffen und immer wieder nachgemessen. Auch wird durch das Auftragen nagelfähiger Spachtelmasse der Leisten in seiner Grundform den Bedürfnissen des Trägers angepasst. Entscheidend für diese

Leistenbau bei ›John Lobb‹

73

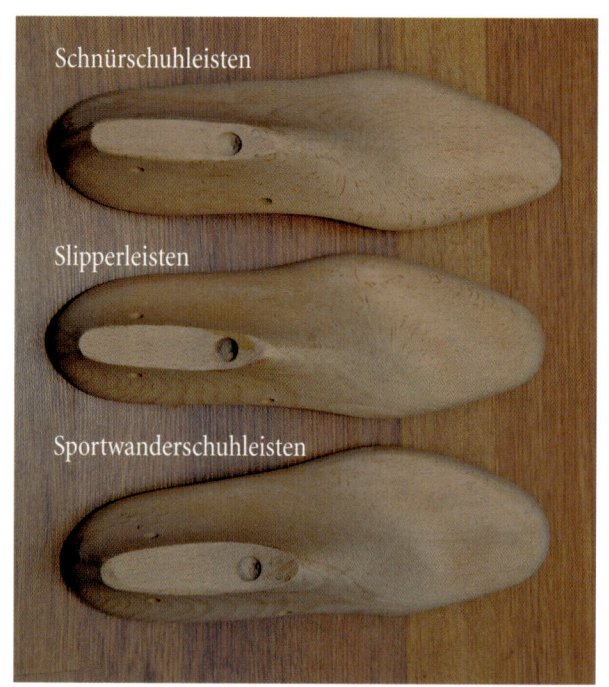

Ein Kunde, drei Leisten. Die Abbildung macht die unterschiedlichen Anforderungen der drei Schuhtypen deutlich. Der Schnürschuh hält den Rückfuß besser als der Slipper. So ist der Rückfuß am Schnürschuhleisten länger ausgeprägt als am Slipperleisten, und auch in der Spitzenform ist der Schnürschuhleisten eleganter. Der Sportwanderschuhleisten wiederum ist breiter im Ballen und im Vorfußbereich, und hier ist die Spitze voluminöser, damit etwa beim Bergablaufen der große Zeh von keiner Seite Druck erhält (was zu Blasen- oder Hornhautbildung führen könnte).

Grundform ist die Brandsohlenform. Hierbei geht jeder Maßschuhmacher, seiner Erfahrung folgend, nach seinem individuellen Schema vor, denn nur auf diese Weise kann er hervorragende Ergebnisse erzielen.

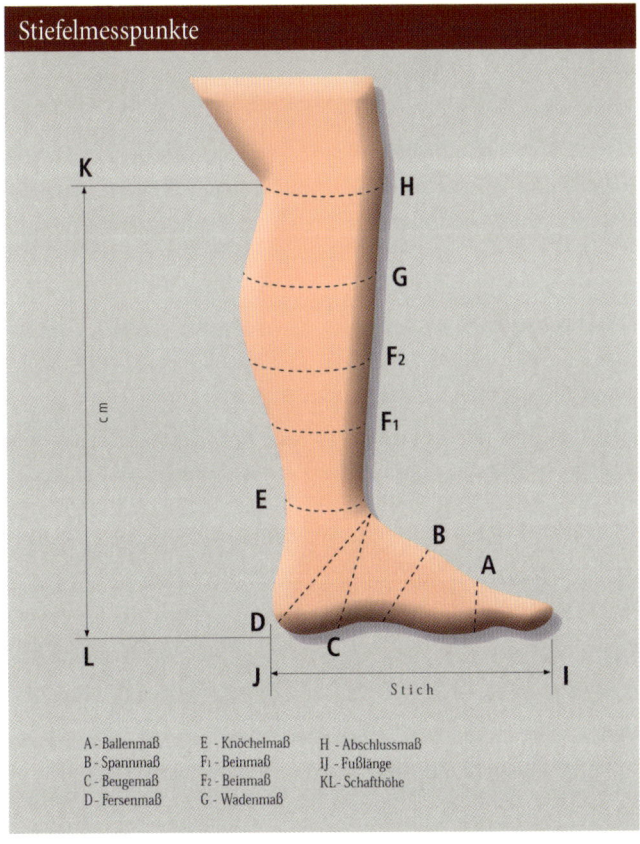

Stiefelmesspunkte

A - Ballenmaß   E - Knöchelmaß   H - Abschlussmaß
B - Spannmaß F_1 - Beinmaß   IJ - Fußlänge
C - Beugemaß F_2 - Beinmaß   KL- Schafthöhe
D - Fersenmaß   G - Wadenmaß

Ein Maßleisten ist mindestens zweiteilig, bei Stiefeln gar drei- bis fünfteilig, um den Leisten nach Anfertigung wieder aus dem Maßschuh herausnehmen zu können. Eigens für das Herausziehen der Leistenstücke gibt es Löcher zur Aufnahme des Leistenhakens, mit dessen Hilfe sich der Leisten aus dem jeweiligen Schuh herausziehen lässt. Das Herausziehen wiederum bedarf einiger Geschicklichkeit, da meist der Schuh sehr gut am Leisten anliegt.

75

Im Unterdrucktiefzieher wird eine kräftige Plastikfolie erhitzt.

Ist die Folie durch die Wärme flexibel genug, wird sie mittels Unterdruck über den Leisten gezogen.

Nachdem die Folie aufgeschnitten worden ist, wird der Leisten aus dem Plastikprobeschuh herausgezogen.

Der fertige Plastikprobeschuh mit Trittspur und Leisten.

Als Nächstes wird ein dynamischer Lederprobeschuh angefertigt,

um den Fuß auch in der Dynamik zu testen. Nach zehn Stunden Tragen …

Die Folie hat sich perfekt allen Formen des
Leistens angepasst und ist erkaltet.

Die Tiefziehfolie wird beschnitten und auf die
Brandsohle geklebt.

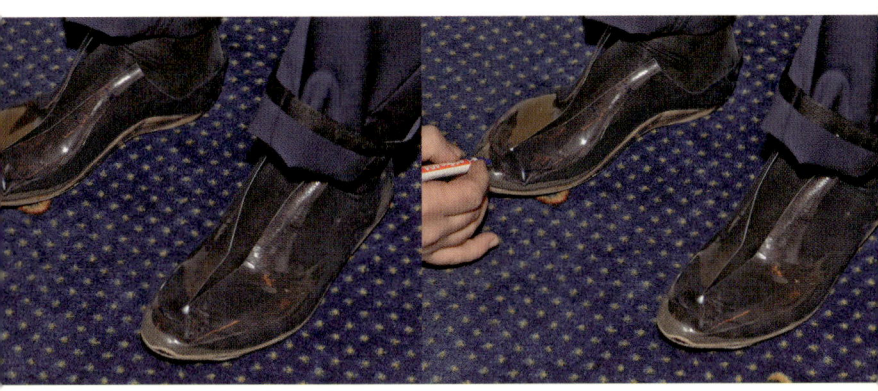

Zur statischen Anprobe zieht der Kunde den …

… Probeschuh über, während der Schuhmacher
die Änderungen am Schuh anzeichnet.

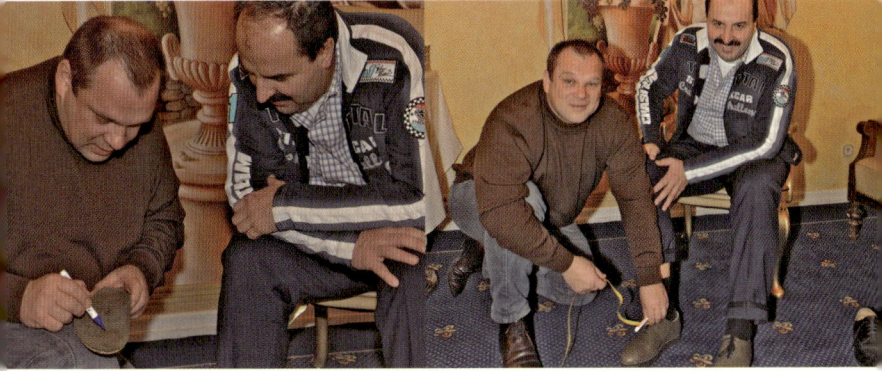

… werden Fußbett und Passform analysiert.
Letzte Änderungen am Leisten erfolgen.

Nach abschließenden Gesprächen und Analysen
kann der Maßschuh angefertigt werden.

DAS AUGE ENTSCHEIDET MIT: DAS OBERLEDER

Es fällt sogleich ins Auge, das verwendete Oberleder eines Schuhs. Der erste schwört auf weiches Wildleder, der zweite auf glänzendes, der dritte schließlich auf solches Leder, das eine raue Oberflächenstruktur aufweist. Inzwischen wird, gerade bei Maßschuhmachern, zunehmend auch nach Lederarten gefragt, von denen der »Otto Normalschuhträger« bis dato praktisch nichts gehört hat, beispielsweise nach Haifisch. Doch vor der Qual der Lederwahl steht die Bearbeitung beziehungsweise die Aufbereitung des Leders, die eine Verarbeitung durch den Schuhmacher erst ermöglicht. Deshalb sei anschließend ein Blick auf die Oberledergerbung gestattet, ehe ein kleines »Oberlederlexikon« die gängigen und weniger bekannten Lederarten vorstellt.

Ohne Gerbung keine Schuhe

»Gerben« bezeichnet zunächst einmal nichts anderes als die Verarbeitung von Tierhäuten zu Leder. Wird aus einer Tierhaut Oberleder hergestellt, geschieht das in mehreren Schritten.

Den ersten Schritt zu einem hochwertigen Endprodukt bildet bereits die Auswahl der Rohware. Rinds- und Kalbshäute fallen als Abfallprodukt in Schlachthöfen an, wo sie von Geschäftsleuten aufgekauft werden, die mit diesen Häuten Handel treiben. Jene »Häutehändler« sortieren die erworbene Ware nach Geschlecht und Gewicht. Außerdem sorgen sie für eine Konservierung durch Einsalzen oder besser, weil umweltfreundlicher, durch Kühlung.

Mitarbeiter der Gerberei ›Heinen‹
mit Rohhaut vor dem Äscherfass

Eine grobe Beschneidung findet ebenfalls statt. Generell sind die Rindshäute männlicher Tiere – sie erreichen ein Gewicht von bis zu 50 Kilogramm – besser für die Schuhherstellung geeignet, weil sie eine dickere Haut haben, die weniger Adern aufweist als die Häute weiblicher Tiere.

Der erste Produktionsschritt ist die »Weiche« im »Äscherfass«, einer großen rotierenden Trommel, die sich in der Wasserwerkstatt einer Gerberei befindet. Hier wird den Häuten durch das Einweichen im Wasser der natürliche Wassergehalt zurückgegeben, und außerdem werden sie bei diesem »Bad« von Sand, Schmutz und Blut gereinigt. Anschließend folgt der »Äscher« genannte Enthaarungsprozess, bei dem Kalk und Schwefelnatrium zum Einsatz kommen. Bei diesem Arbeitsgang – er dauert rund dreißig Stunden – werden hinderliche Eiweiße und Fette aus der Haut herausgewaschen. Das Ergebnis ist die »Blöße«, wie die ent-

Rohhäute im Äscherfass

haarte Haut genannt wird. Nun folgen mit dem Beseitigen des Unterhautbindegewebes die Entfleischung jener Blöße sowie eine erste Beschneidung, bei der Beine und Schwanz entfernt werden. Die Blöße wird jetzt in einen Oberspalt und einen Fleischspalt horizontal getrennt, wobei man den Oberspalt für die Herstellung von Oberleder verwendet, während der Fleischspalt zum Verkauf gelangt (und hauptsächlich als Spaltleder sowie zur Erzeugung von Gelatine interessant ist).

Es erfolgt die eigentliche Gerbung, die für die Haltbarkeit des Leders verantwortlich ist. Auch sie wird in großen, rotierenden Gerbfässern durchgeführt. Zuerst befreit man in der »Entkälkung« das Leder vom Kalk und baut in einer Beize mit Hilfe von zugesetzten Enzymen Kollagen ab. Bei der »Pickel« genannten Vorgerbung werden Säure (meist Schwefelsäure und Ameisensäure) sowie Neutralsalze beigegeben, um durch sie den ph-Wert zu senken. Dann werden die eigentlichen Gerbstoffe beigegeben. Bei der Gerbung mit Mineralsalzen, die hier zur Anwendung kommen, handelt es sich hauptsächlich um Chromsalze aus dreiwertigem Chrom, mitunter auch um Aluminium- und Eisensalze. Wichtig bei diesem Vorgang: Die kleinen Chrommoleküle durchdringen relativ gut die Haut, lagern sich in den Fasern ein, und durch das Hinzufügen von Lauge bei der »Abstumpfung« vergrößern sich die Chromteilchen und werden in der Haut fixiert. Diesen Prozess der Verbindung von Gerbstoff und Haut bezeichnet man als »Gerbung«. Da durch das Chrom die Häute eine bläuliche Färbung annehmen, erklärt sich die Bezeichnung »Wet Blue« – im Gegensatz zum Begriff »Wet White«, hervorgerufen durch die »Weißgerbung«, die vor allem bei der Pelzgerbung Verwendung findet und bei der nichtfärbende synthetische Gerbstoffe beziehungsweise eine Gerbung mit Aluminiumsalzen zum Einsatz kommen. Beide Vorgänge dauern übrigens zwischen 15 und 20 Stunden.

Zum Entwässern kommen die Häute auf die »Abwelkpresse«, in der mit hohem Druck, ausgelöst durch zwei rotierende Filzrollen, das Wasser herausgepresst wird. Anschließend werden die Häute zur besseren Verarbeitbarkeit der Länge nach geteilt. In der Färberei teilt man die »Wet Blues« je nach Dicke, Mückenstichen oder Narben in Qualitätsstufen ein und bringt sie durch Abhobeln beim »Falzen« auf die vom Kunden gewünschte Stärke. Danach führt man in einem Färbefass die Nachgerbung durch, indem zunächst die »Wet Blues« in der »Neutralisation« wieder auf den erforderlichen ph-Wert eingestellt werden, um dann dem Leder durch Zugabe bestimmter Gerb- und Farbstoffe die gewünschten Eigenschaften zu verleihen, wobei hochwertige Leder so lange im Fass bleiben, bis sie komplett durchgefärbt sind. Die hier zugesetzten Stoffe sind für Elastizität, Weichheit, Griffigkeit und natürlich für die Färbung des Leders verantwortlich. Bei diesem Schritt kommt es vor allem auf die Kunstfertigkeit des Färbemeisters an.

Die bereits entfernten Hautfette werden jetzt durch ein speziell ausgewähltes hydrophobes Fett ersetzt, welches ebenfalls Einfluss auf die Eigenschaften des Leders nimmt: Es entsteht ein wasserabweisendes Leder, das jedoch gleichzeitig Wasserdampf in Form von Fußschweiß nach außen dringen lässt. Das garantiert beim späteren Schuh ein perfektes Fußklima.

Beim nächsten Schritt drückt eine Abwelkpresse erneut Wasser aus dem Leder, das daraufhin in die »Setzerei« zum Trocknen kommt. Zuerst werden aber die Lederhäute in der »Ausreckmaschine« glattgepresst und auseinandergezogen. Dadurch ergibt sich eine schöne Oberfläche. Jetzt legt man die Lederhäute auf eine 40 Grad Celsius warme Platte und streicht sie glatt, um sie anschließend unter Vakuum anzutrocknen und die Fasern zu fixieren. Da das Leder aber noch nicht ganz getrocknet ist, werden die Häute noch einer Hängetrocknung unterzogen. Wichtig hier-

Gerber beim Glattstreichen
des noch nassen Leders

bei: Dem Leder wird ausreichend Zeit gegeben, denn nur so werden die chemischen Reaktionen richtig beendet, verbinden sich die zugesetzten Farb- und Gerbstoffe noch besser mit der Faserstruktur, wodurch wiederum sowohl die optischen als auch die »technischen« Eigenschaften des Endprodukts eindeutig verbessert werden.

Bei der »Vorzurichtung« werden die Leder durch den »Stollvorgang« mittels vibrierender Metallstifte weichgeklopft und anschließend nochmals in einer Maschine bei circa 90 Grad Celsius

gebügelt und glattgepresst. Sie erhalten dadurch eine nochmals optimierte Oberfläche und sind jetzt besser auf einen Rahmen zu spannen, um somit die endgültige Trocknung einzuleiten. Danach trennt man die Häute von Fransen und befreit sie von anderen unerwünschten Hautteilen. Im jetzigen Stadium wird das Leder als »Crust« bezeichnet.

Es kommt zur Zurichtung. Der erste Schritt ist das Entfernen längerer Fasern auf der Fleischseite durch Schleifpapier. Dieser Vorgang geschieht jedoch nicht von Hand, sondern in einer Maschine. Wird das Leder auf der Narbenseite angeschliffen, entsteht Nubuk.

Die im Laufe des Produktionsprozesses zwangsläufig entstandenen Stärkeunterschiede werden durch eine Trockenspaltung entfernt – ein Vorgang, der zehntelmillimetergenau durchgeführt werden kann.

Möchte man ein besonders weiches Leder erhalten, steckt man es in ein »Millfass«. Hier wird trockenes Leder so lange gedreht, bis der gewünschte Weichheitsgrad erreicht ist. Dermaßen erzeugt man beispielsweise Nappa, das wohl allgemein bekannteste gemillte Leder.

Mit Hilfe einer Spritzpistole können per Hand wie auch maschinell Farbstoffe, Lackierungen oder Imprägnierungen und mit einer »Rollcoater« genannten Maschine über eine beheizte Walze Öle oder Wachse auf das Leder aufgetragen werden. Falls gewünscht, wird nun eine Prägung auf dem Leder angebracht, etwa Scotchgrain oder Krokoimitat. Jetzt werden die Leder ein letztes Mal gebügelt, wobei die so verbesserte Glätte ihren Glanz steigert. Elegante Leder werden in der Regel gebügelt, sportliche hingegen nicht. Nun vermisst man die Lederhäute und unterzieht sie im letzten Schritt einer Endkontrolle hinsichtlich Wasserdichtheit und Atmungsaktivität. Als Endprodukt ist nun ein hochqualitatives wertvolles Oberleder entstanden. Eine der letzten Firmen, die in Deutschland so aufwendig produzieren und derart hochwertige Leder herstellen, ist übrigens die Lederfabrik ›Heinen‹ in Wegberg bei Mönchengladbach.

Bleibt noch anzumerken, dass man Reptilleder in ähnlicher Weise herstellt. Jedoch wird hier meist eine Kombinationsgerbung aus chromsynthetischer oder vegetabilsynthetischer Gerbung angewandt.

Angleichen der Oberlederfarbe
per Spritzpistole

Kleines Lexikon des Oberleders

Cordovan ist ein spezielles, aus den Kruppen der Tiere herge-
stelltes Pferdeleder. Jedes Pferd liefert also genau zwei ovalför-
mige Schilde (englisch »shells«). Hervorragendes ›Cordovan‹ liefern vor allem die großen Kaltblüter. Aufgrund der hohen Nach-
frage nach ›Cordovan‹ ist die amerikanische Gerberei ›Horween‹,
die das beste ›Cordovan‹ herstellt, für mehrere Jahre im Voraus
ausverkauft. Da die zwei Schilde nicht miteinander verwachsen
sind und es sich also um zwei getrennte Lederstücke handelt, ist
die Faserstruktur in der Regel unterschiedlich, was wiederum bei
Schuhen, die mit ›Cordovan‹ hergestellt werden, zu unterschiedlich geworfenen Gehfalten führt. ›Cordovan‹ zeichnet sich durch
einen schönen Tiefenglanz und eine glatte Oberfläche aus, weshalb das Leder auch für Laien leicht erkennbar ist. Die glänzende
Oberfläche – außen am Schuh ist die Innenseite der Haut zu
sehen – kommt durch die fleischseitige Verarbeitung zustande.
Dadurch ist das Leder fast zu hundert Prozent wasserdicht und
aufgrund seiner Dehnbarkeit sehr bequem, bedarf aber einer speziellen Pflege (für die ausschließlich Hartwachspasten geeignet
sind). Die gute Dehnbarkeit aufgrund der lockeren Faserstruktur kann aber auch, je nach Gehverhalten des Trägers, zum Aus-
leiern des Leders führen. Schließlich: ›Cordovan‹ ist um etwa zehn
Prozent schwerer und etwas dicker (ca. 2 mm) als Kalbsleder.
Und: Abgesehen von Krokoleder ist es eines der teuersten Leder,
da jedes Tier nur Haut beziehungsweise Leder für ein Paar Schuhe
liefern kann.

Elefantenleder ist angenehm weich, trotzdem relativ dick und
daher sehr widerstandsfähig. Es ist allerdings in Deutschland nur
sehr schwer zu bekommen, da viele Lederhändler und Schuhmacher aufgrund der sehr strengen Einfuhrbestimmungen (siehe
auch »Krokodilleder«) vor einem Kauf zurückschrecken. Elefan-

›Norweger‹ (Lázló Vass)

tenleder ist vor allem für die Herstellung von Schuhen mit robuster Optik geeignet.

Fettgegerbtes Leder (Sämischleder) ist ein in Fischtran oder Fischöl gegerbtes Leder. Der Gerbprozess findet durch die Oxidation des Fischtrans in den Tierhäuten statt. Es ist angenehm weich und gut zu reinigen. Meistens wird es aus Schaffellen hergestellt, aber auch Hirsch, Ziege und Rind sind möglich.

Beheizbarer Winterstiefel aus fettgegerbtem Rindsleder mit Lammfellfutter und ›Therm-ic‹-Wärmesohle

Rahmengenähter ›Derby‹ aus
Perlrochen- und Kalbsleder mit
Ledersohle

Fischleder gehört zu den exotischen Ledern und ist dementsprechend selten und teuer. Aufgrund seiner Optik sind Schuhe
aus Fischleder immer sehr extravagant. Ein solches Leder ist sehr
dünn (ca. 0,5 mm) und wird daher selten als Oberleder solitär
eingesetzt. Vielmehr benutzt man es zumeist als Besatzleder, oft
für Vorder- und Hinterkappe. Leder von Lachs, Karpfen, Forelle
und Dorsch gehören zu den Ledern, die verwendet werden und
die eine charakteristische Schuppenoptik aufweisen. Auch Hai
und Rochen (siehe dort) werden zur Ledergewinnung verwendet. Haileder weist eine ausgeprägte Rauheit auf und ist sehr ab-
riebfest, jedoch selten bei Maßschuhen anzutreffen, da es meist
ungefärbt angeboten wird.

Rahmengenähter ›Derby‹-Kalbsleder-
Flechtschuh mit Ledersohle

Kalbsleder, insbesondere das hochwertige ›Boxcalf‹, das von
Milchkälbern stammt, wird am häufigsten für exquisite Schuhe
verwendet. Der Grund dafür ist in seiner schönen, feinen Nar-
benstruktur und seiner Geschmeidigkeit bei gleichzeitiger Festigkeit und Strapazierfähigkeit zu suchen. Da das Vorderblatt des
Schuhs und die restlichen Schaftteile aus derselben Lederhaut
gefertigt werden, ergibt sich eine gleichbleibende Faserstruktur,
was wiederum an beiden Schuhen gleiche beziehungsweise sehr
ähnliche Gehfalten ergibt. Von den Eigenschaften her ist es wahr-
scheinlich das geeignetste Leder für die Schuhfertigung.

Känguruleder zeichnet sich durch seine hohe Reißfestigkeit,
Zugfestigkeit und Stabilität aus. Gleichzeitig ist es dünner und
leichter als Rindsleder, wodurch es vor allem bei Sportschuhen,
die hohen Belastungen ausgesetzt sind, zum Einsatz kommt.

Krokodilleder ist das begehrteste aller Reptilienleder und das
teuerste Leder überhaupt. Das rührt daher, dass vom Krokodil
im Gegensatz zu Rind oder Kalb nur die Haut verwendet werden

Rahmengenähter Krokodil-
›Derby‹ mit Wulstrahmen
und Ledersohle

kann und alle anfallenden Kosten der Aufzucht zum Verkaufs-
preis für die Haut addiert werden. Man verwendet heute nur noch
Häute von Zuchttieren, die alle mit Papieren der Organisation
›CITES‹ (›Convention on International Trade in Endangered Spe-
cies of Wild Fauna and Flora‹) unter Einhaltung des ›Washing-
toner Artenschutzabkommens‹ geliefert werden. Schuhmanu-
fakturen beziehungsweise Maßschuhmacher bevorzugen die
Häute von sehr jungen Krokodilen (weshalb für ein Paar Schuhe
auch zwei Häute benötigt werden). Krokodilleder kann Schuppen unterschiedlicher Form und Größe aufweisen. Im Allgemeinen gilt Leder mit größeren Schuppen als dekorativer und ist
daher begehrter als das kleinschuppige. Schuhe aus Krokodilleder werden normalerweise nicht zusätzlich durch Lochungen
oder Aufsätze verziert, weil das Leder von Natur aus dekorativ ist.
Krokodilleder ist zwar an sich sehr stabil und widerstandsfähig,
wird aber aufgrund seiner schlechten Dehnfähigkeit sehr dünn
(ca. 0,7 mm) verarbeitet und ist relativ geräuschvoll, wenn es ge-

bogen wird. Um eventuellem Quietschen beim Gehen vorzubeugen, wird es daher immer auf einem dehnbaren Zwischenfutter fixiert (meist Kalbsleder oder Baumwolle).

Lackleder ist vielleicht das formellste Leder von allen. Es findet vor allem bei ›Slippern‹ und ›Oxfords‹ Verwendung, die zum Frack oder zum Smoking getragen werden. Zur Herstellung von Lackleder wird zumeist Kalbs- oder Rindsleder verwendet. Auf das Leder wird dann in mehreren Schichten Lack aufgetragen, wodurch der einzigartige Spiegelglanz entsteht. Lackleder ist sehr temperaturempfindlich und eignet sich daher kaum für Alltagsschuhe. Bleibt noch zu erwähnen, dass Lackleder spezieller Pflegemittel bedarf.

Rahmengenähter ›Cordovan‹-
›Doppelmonk‹ mit Ledersohle
und handgefertigten
Silberschließen

Rahmengenähter Kalbs-
velours-›Brogue‹ mit
Ledersohle (Lázló Vass)

Rauleder nennt man Leder, die auf der Narben- oder Fleischseite
angeschliffen sind, so dass sich eine faserige Oberflächenstruktur
ergibt. Manchmal wird Rauleder auch generell als Wildleder bezeichnet, was jedoch nicht korrekt ist, da echtes Wildleder nur
von wirklich wild lebenden Tieren wie Hirsch, Gams, Elch et ce-
tera gewonnen wird. Rauleder, das narbenseitig leicht angeschliffen wird, bezeichnet man als ›Nubuk‹, fleischseitig ange-
schliffenes Leder als ›Velours‹. Da ›Velours‹ etwas stärker angeschliffen wird, ergeben sich bei diesem Leder längere Fasern. Insgesamt sind alle Rauleder angenehm weich anzufassen und
haben eine fast flauschige Oberfläche, die mit der Zeit allerdings
speckig wird, weshalb auch hier verstärkt auf die Pflege zu achten
ist. Überhaupt eignen sich Raulederschuhe nicht für regnerische
Wetterverhältnisse, da sie sich leicht mit Wasser vollsaugen. 93

Zwiegenähter ›Derby‹-
Wanderschuh aus
fettgegerbtem Rindsleder
mit ›Vibram‹-Profilsohle

Rindsleder ist besonders fest, strapazierfähig und relativ dick. Außerdem ist es in großer Menge vorhanden, wodurch sich ein günstiger Preis für dieses Leder ergibt. Es wird vor allem für Gebirgs- und Jagdstiefel verwendet. Rindsleder mit einer aufgeprägten Körnung werden auch als »Scotchgrain« bezeichnet, so genannt nach einem Verfahren, das ursprünglich angewandt wurde, um Fehler im Leder zu verdecken. Heute werden auch andere Ledersorten für die Herstellung von Scotchgrain verwendet.

Rochenleder. Das Leder vom Perl- oder Stachelrochen gehört zu den Fischledern und damit zu den Exoten. Die halbkugelförmige Oberflächenstruktur, die an Perlen erinnert, ist einzigartig unter den Ledern. Hinzu kommt eine weißliche, rautenförmige Fläche auf dem Rücken, an welcher der Stachel gesessen hat. Das macht Perlrochenleder zu einem optisch sehr auffallenden, dekorativen Material, wobei die harte Oberfläche der »Perlen« durchaus der Widerstandsfähigkeit der Schuhe zugute kommt. Die Oberfläche kann auch angeschliffen werden, wodurch das Leder einerseits geglättet wird, andererseits aber auch eine etwas andere Optik erhält. Für ein Paar Schuhe werden übrigens zwei Häute benötigt.

Durchgenähter ›Slipper‹ aus
Ziegenleder mit dünner
Ledersohle

Schlangenleder wird hauptsächlich aus den Häuten von Py-
thonarten und Boas hergestellt, aber auch Häute von anderen
Schlangen finden mitunter Verwendung. Wie bei praktisch allen
Reptilienledern ist auch beim relativ dünnen Schlangenleder (ca.
0,5 mm) eine geringe Dehnbarkeit charakteristisch, weshalb es
immer durch ein Futterleder verstärkt wird. Als exotisches, zu-
gleich auffälliges Leder ist es beliebt, um modische Akzente zu
setzen – und geradezu prädestiniert für Cowboystiefel.

Straußenleder ist ein sehr exklusives und äußerst auffälliges
Leder. Es ist von seinen Eigenschaften her sehr faserig und
schwierig zu vernähen, hat aber gute Eigenschaften als Schuhle-
der. Kennzeichnend sind die Noppen auf der Oberfläche, in denen
die Federn steckten. Nicht zuletzt deshalb sind Schuhe aus Straußenleder sehr extravagant.

Ziegenleder (Chevreauleder) ist sehr leicht, dabei aber geschmei-
dig und widerstandsfähig. Kennzeichnend sind die halbmond-
förmigen Narben sowie eine charakteristische unstrukturierte
Faltenbildung. Es wird bevorzugt für Damenschuhe, aber auch
für feine Herrenschuhe mit leicht femininem Touch verwendet.

Rahmengenähter Kalbsleder-
›Derby‹-Stiefel mit Ledersohle
und Antischockabsatz

Rahmengenähter Kalbsleder-
›Jodhpur‹ mit handgefertigter
Silberschließe und Ledersohle

Rahmengenähter Kalbsleder-
Schaftstiefel mit Gummisohle
(Rudolf Scheer & Söhne)

KAPITEL 7

NUR HOHER AUFWAND MACHT SINN: DIE SCHAFTHERSTELLUNG

Nachdem der Maßschuhmacher den Leisten in eine für den Kunden perfekte Passform gebracht hat, kann er mit dem Anfertigen der Maßschuhe beginnen. Zuvor hat er mit seinem Klienten besprochen, welches Oberleder verwendet und welches Modell genommen werden soll.

Jeder Maßschuhkunde hat seine eigenen Leisten, versehen mit zahlreichen individuellen Passmaßen. Daher wird für jeden Kunden von seinen Leisten auch ein Schaftmodell aus Papier erstellt, welches als Zuschneideschablone für das Oberleder dient. Dieser Arbeitsgang kommt recht häufig vor, da für jedes neu bestellte Schuhmodell eine neue Schaftschablone anzufertigen ist.

Beim Schaftbau selbst wird dem Maßschuh ein erstes Gesicht gegeben, wobei es dem Handwerker möglich ist, beim Schuh sichtbare Akzente zu setzen, je nachdem, welche Nahtgarnstärke er wählt, wie die Stichlänge aussieht und für welche Farbe des Garns er sich entscheidet. Auch bewusst eingesetzte Kleinigkeiten bei der Formgebung – etwa Nahtverlauf oder Anbringen von Applikationen – entscheiden über eine stilvolle Optik.

Beim Zuschnitt des Oberleders ist die Zugrichtung der Lederhaut zu beachten. Sie entscheidet nachhaltig die Standfestigkeit des späteren Maßschuhs. Natürlich ist das Leder mit größter Vorsicht und Sorgfalt zu nähen. Ein falscher Stich mit der Nähnadel – und das Oberleder hat ein Loch an der falschen Stelle. Dann bleibt dem Schuhmacher nichts anderes übrig, als wieder von vorne zu beginnen.

Beim Maßschuhmacher
immer noch in Gebrauch:
Brennwerkzeuge, Stuppräder
und Sohlenzierrädchen

Die Schaftherstellung

Es wird eine »Schnippelkopie« über den Leisten gelegt, um ein Grundmodell zu erstellen.

Hat man das Grundmodell, werden die einzelnen Schablonen angefertigt.

Die Oberledereinzelteile können je nach Modell sehr aufwendig sein.

Beim Zuschnitt ist auch immer eine Zugabe zu berücksichtigen, um die einzelnen Schaftteile miteinander verbinden zu können.

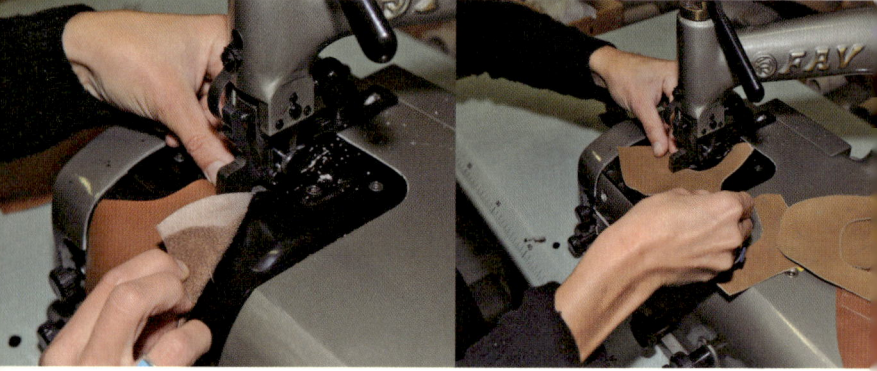

Das Oberleder wird an den Rändern angeschärft.

Man kann auch mit einem Messer schärfen, aber mit der Schärfmaschine ist es gleichmäßiger.

Sind die Schablonen fertig, werden Musterung und wichtige Details auf den Schaftschablonen festgehalten.

Die Futterlederschablonen sind weniger aufwendig. Man legt sie nach Zugrichtung auf dem Leder aus.

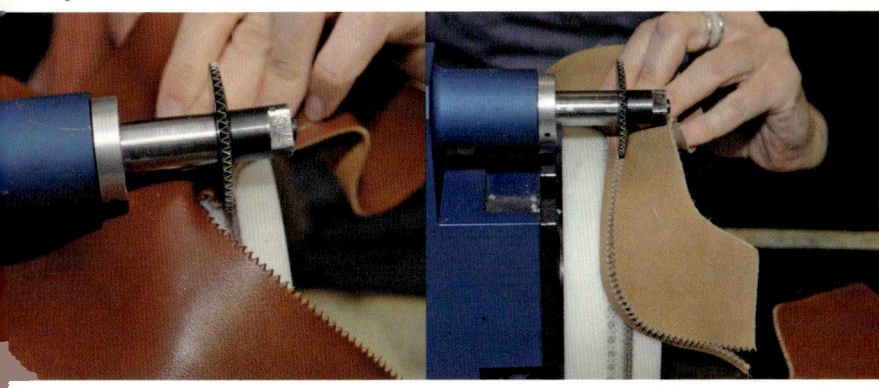

Mittlerweile gibt es eine Zackenmaschine, um beim ›Brogue‹ die Zacken ins Leder zu schneiden.

Früher wurde diese Arbeit noch mit Stanzeisen oder Zackenschere (und viel Aufwand) erledigt.

Mit speziellen Locheisen werden die Zierlochungen aus dem Oberleder gestanzt.

Die »Lyra-Lochung« an der ›Brogue‹-Spitze wird auf das Oberleder übertragen.

Mit verschiedenen Locheisen wird die
»Lyra-Lochung« ins Blatt gestanzt.

Das Futterleder wird miteinander verklebt. Hier
sieht man, dass die geschärften Teile aufeinander-
liegen.

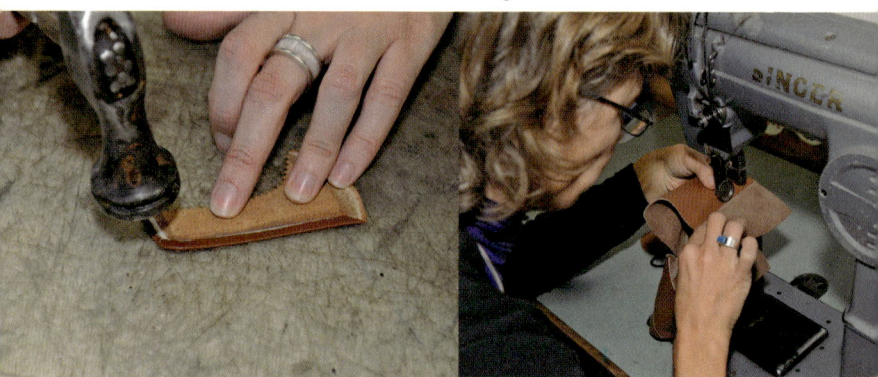

Die dünn ausgeschärfte Oberlederkante wird
gebuggt, damit man keine offene Kante sieht.

Das Futterleder wird erst einmal zusammengenäht.

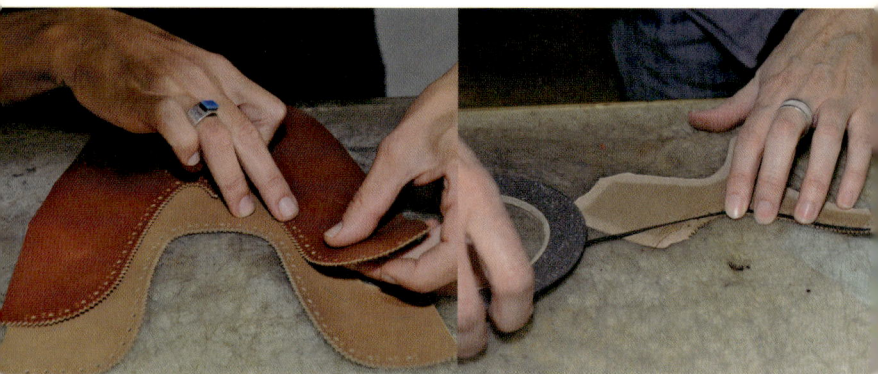

Dann werden die Einzelteile miteinander verklebt.

Versteifungsnahtband aus Synthetik wird
angebracht.

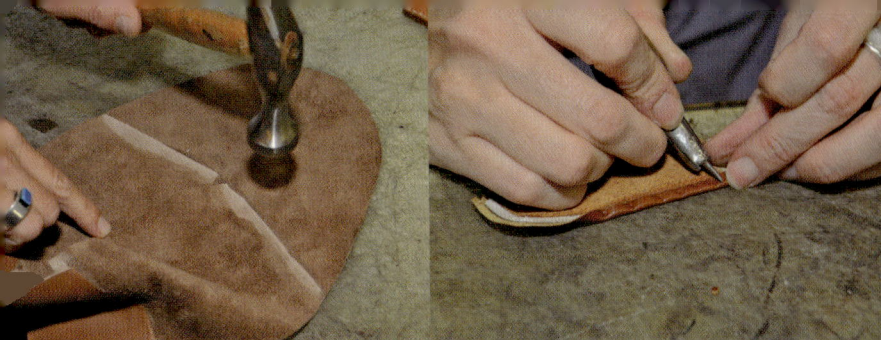

Ist alles miteinander verklebt, wird die Klebung
mit dem Schuhmacherhammer angepresst.

Damit der Schaft keine offene Kante am
Schnürteil hat, wird die Kante umgelegt.

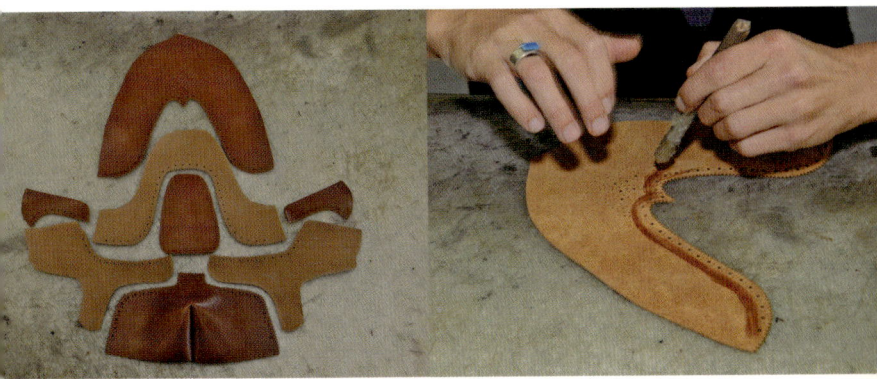

Alle Teile des Oberleders sind fertig für den
Zusammenbau.

Zuerst wird Kleber an den zu verbindenden
Stellen aufgetragen.

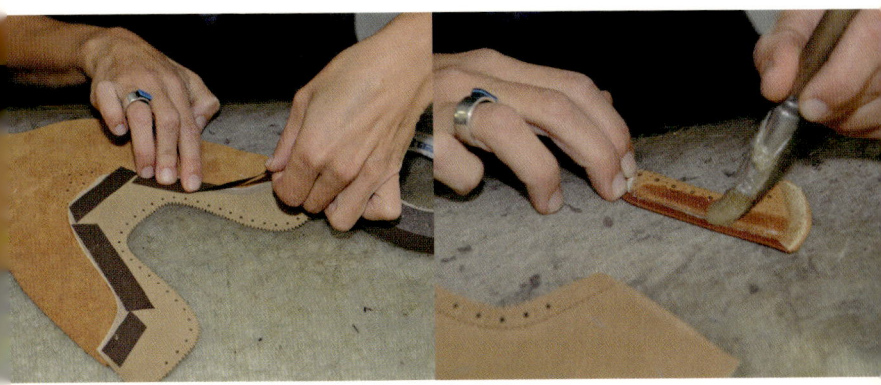

Damit die Nähte besser halten, wird Nahtband
aufgebracht.

Das Schnürteil wird dünn mit Kleber
eingestrichen.

Die Schnürleiste wird auf das Quartier (Seitenteil) aufgeklebt.

Die Einzelteile des Blatts (Vorderteil des Schafts) werden miteinander vernäht.

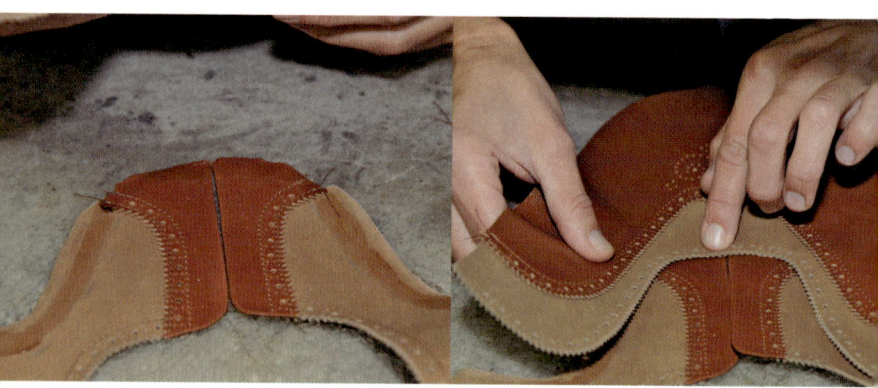

Das innere und das äußere Quartier werden mit Kleber eingestrichen.

Vorderblatt und Quartier werden miteinander verbunden.

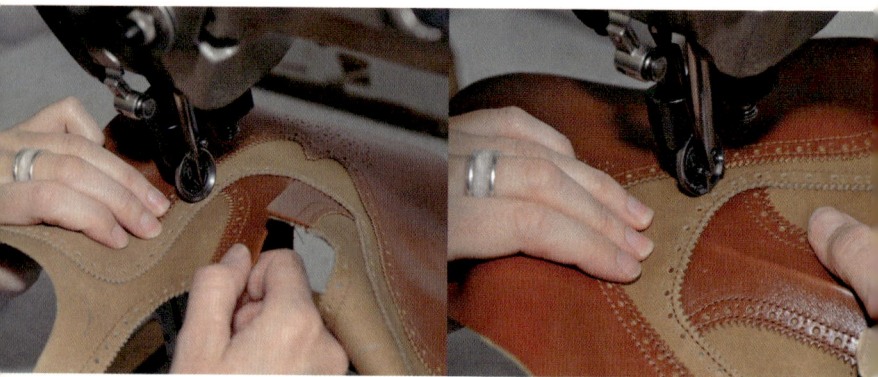

Quartier und Blatt werden miteinander durch die erste Naht verbunden.

Die zweite Naht folgt in perfektem Abstand der ersten.

Für das Nähen braucht man eine ruhige Hand.

Die zweite Steppnaht wird mittels Abstandslehre vorgezeichnet.

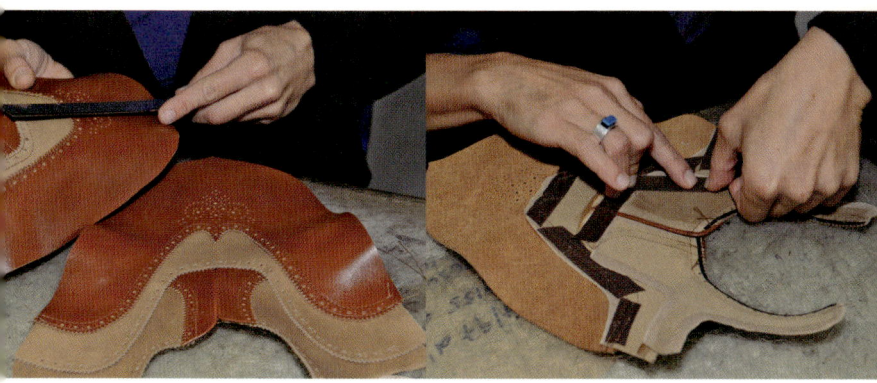

Für den zweiten Schaft wird die Blattlänge gemessen, damit beide Schäfte gleich lang sind.

Hier wird ebenfalls zur Stabilisierung Nahtband aufgeklebt.

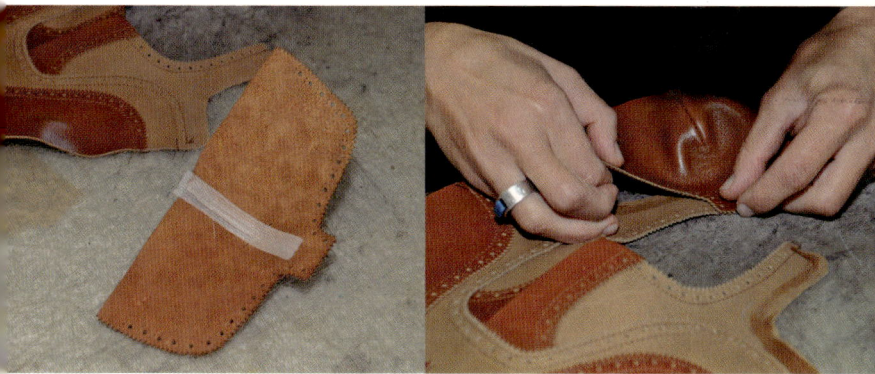

Damit das Fersenteil besser anliegt, wird ein kleiner Keil herausgeschnitten.

Fersenteil und Quartier werden miteinander verbunden.

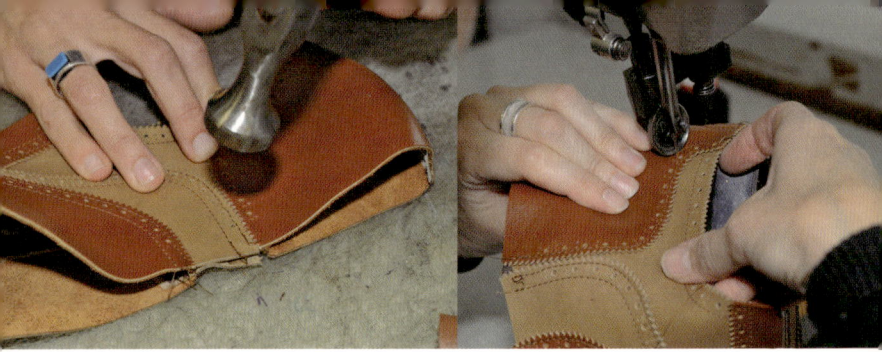

Jetzt hat alles bereits eine Schuhform.

Fersenteil und Quartier werden zusammengenäht.

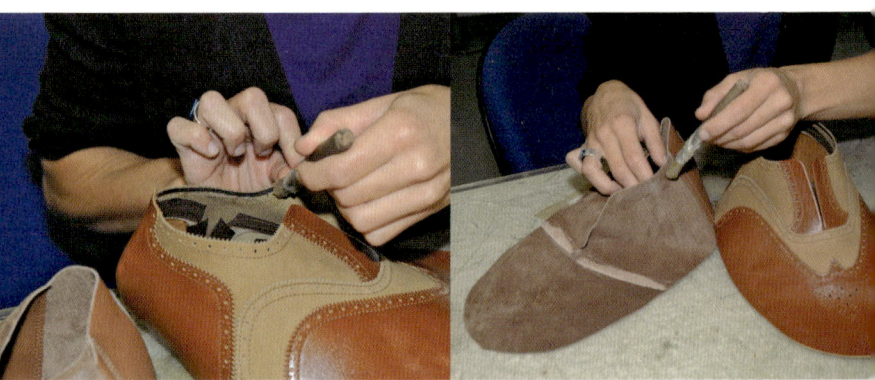

Das Oberleder wird mit Kleber eingestrichen.

Auch das Futterleder wird dünn mit Kleber eingestrichen.

Oberleder und Futterleder werden miteinander vernäht.

Überstehendes Futterleder wird vorsichtig mit der Schere abgetrennt.

Alle Fäden werden nach innen gezogen …

… um sie dann fest zu verknoten, damit die Nähte nicht mehr aufgehen.

Futterleder und Oberleder werden zusammengeheftet.

Der Schnürbereich von Futter und Oberleder wird sorgfältig verklebt.

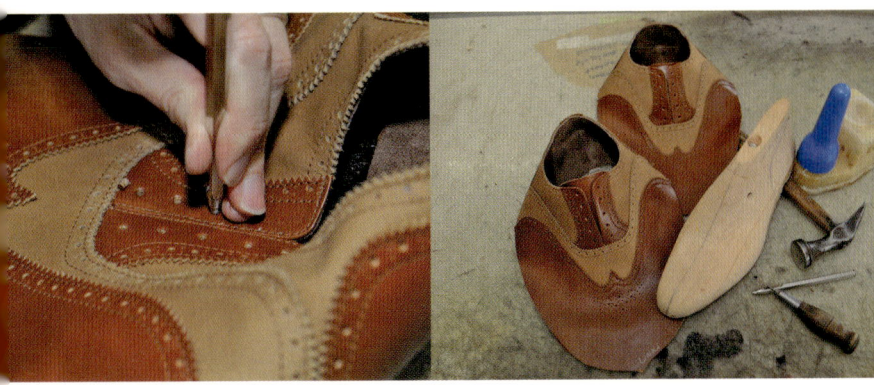

Die Schnürlochung wird einzeln ausgestanzt. Jedes Loch muss richtig sitzen, sonst ist die Schnürung schief.

Das Paar Schäfte ist fertig und kann nun über den Leisten gearbeitet werden.

KEIN GUTES GEHEN OHNE GUTES FUNDAMENT: DAS BODENLEDER

Das Bodenleder ist die Basis des Schuhs. Es nützt alles nichts: Wenn der Maßschuhmacher bestes Oberleder verarbeitet, für die Brandsohle beziehungsweise die Laufsohle aber minderwertiges Leder wählt, wird das Ergebnis höchst unbefriedigend sein. Zur Beruhigung: Kein Maßschuhmacher, der etwas auf sich hält, würde hier dem (fatalen) Hang zum Sparen nachgeben.

Bodenleder wird speziell auf seine spezifischen Anforderungen hin von den Gerbern zugerichtet und gegerbt. Als weltweit eines der besten Gerbverfahren hat sich über Jahrhunderte die »Altgrubengerbung« mit Eichenlohe des ›Altgerberverbandes‹ durchgesetzt. Bei diesem Verfahren wird komplett auf Chemie wie auch auf mechanische Techniken zur Beschleunigung des Gerbprozesses verzichtet, und so kommen ausschließlich natürliche Gerbstoffe wie Eichen-, Fichten- und Mimosarinde sowie Valonea, mitunter auch Auszüge von Kastanie und Sumach zum Einsatz. Wie sich jedoch die verwendeten Gerbstoffe genau zusammensetzen, das fällt unter das Betriebsgeheimnis jeder einzelnen Gerberei, obwohl schon bekannt ist, dass Eichen- und Fichtenrinde hier die größte Rolle spielen. Auch ist es kein Geheimnis, dass nur die Rinden jüngerer Bäume verwendet werden, da sie relativ viel Gerbstoffe enthalten (ca. 8 bis 10 %).

Während Eichenrinde sehr universell einsetzbar und für alle Lederarten geeignet ist, ergibt Fichtenrinde ein hartes, rotbraunes Leder; allerdings erfordert sie, da sie sehr viel Säure bildet, eine

Echte Handarbeit und Manpower sind seit mehr als hundert Jahren bei der Gerberei ›Joh. Rendenbach‹ in Trier Garanten für die weltweit besten Bodenleder

exakte Dosierung. Mimosarinde, jene Rinde, die Akazienbäume liefern, sorgt wiederum für ein geschmeidiges, biegsames Leder. Valonea schließlich, der Fruchtbecher einer Eichenart aus dem Mittelmeerraum, hat einen sehr hohen Gerbstoffgehalt von bis zu 32 Prozent, wodurch dem Leder die gewünschte Zähigkeit und Festigkeit verliehen wird.

Neben den eingesetzten Gerbstoffen spielt bei der vegetabilen Gerbung vor allem die Zeit eine entscheidende Rolle. Je länger die Tierhäute der Lohe ausgesetzt werden, desto tiefer dringen die Gerbstoffe ein und verbinden sich mit dem in der Haut enthaltenen und jetzt aufgequollenen Kollagen. Dementsprechend ist dann die Qualität des Leders, das daraus entsteht, eine gute Qualität. Deshalb schreibt der ›Altgerberverband‹ eine Mindestgerbdauer von neun Monaten vor, wobei durchaus auch einmal bis zu achtzehn Monate für diesen Prozess aufgewendet werden.

Die eigentliche Gerbung verläuft in drei Schritten. Am Anfang steht der »Farbengang«. Hierbei werden die gesäuberten und enthaarten Häute in eine zwei mal zwei Meter große und zwei Meter tiefe Grube gehängt. Bis zu sechzehn Gruben, in welche die Häute

Grubenhalle bei
›Joh. Rendenbach‹

nacheinander gehängt werden, kann dieser Farbengang umfassen, wobei jede nachfolgende Grube eine stärker konzentrierte Gerbbrühe als die vorangegangene enthält. Dieses langsame Angerben dient der Öffnung der Fasern, damit die Gerbstoffe später tiefer in die Haut eindringen können. Der gesamte Vorgang dauert circa vier Wochen.

Dann gelangen die Häute in das »Versenk«. Diese Grube wird bis zur Hälfte mit einer wiederum stärker konzentrierten Gerbbrühe gefüllt. Anschließend schichtet man die Häute auf einem »Versenkboden« genannten Lattenrost auf, angereichert mit jeweils einer Schicht geschroteter Lohe, die zwischen die einzelnen Häute kommt. Danach wird der Versenkboden in die Grube hinabgelassen. Hier verbleiben die Häute rund zwölf Wochen, wobei nach der Hälfte der Zeit manchmal eine Umschichtung in ein neues Versenk mit frischer Gerbbrühe stattfindet.

Der letzte Schritt ist der »Versatz«. Hierbei werden die Häute in eine Eichenholzgrube geschichtet, die am Boden schon mit Lohe bedeckt ist. Auch jetzt kommt zwischen die Häute immer eine Loheschicht. Zum Schluss füllt man die Grube mit der etwas schwächeren Abtränkbrühe und trägt ganz oben, um Kontakt mit der Luft zu vermeiden, eine besonders dicke Schicht Lohe auf. Schließlich wird die Grube noch mit Brettern abgedeckt und beschwert. So verbleiben die Häute für etwa neun bis zwölf Monate im Versatz. Wenn die für diesen Prozess notwendige Zeit um ist, entnimmt man die Lederhäute, säubert sie nochmals, glättet sie, um sie dann anschließend aufzuhängen, damit sie etwa eine Woche auf natürliche Weise trocknen können. Sodann wird das Leder zur Fixierung der Gerbstoffe und für das Erreichen einer großen Flexibilität eingeölt und durch Walzen verdichtet.

Derart behandelt, hat der Maßschuhmacher letztendlich ein abriebfestes, wasserdichtes Sohlenleder höchster Qualität zur Verfügung.

KAPITEL 9

MIT AKRIBIE UND AUSDAUER: DIE MAßSCHUHHERSTELLUNG

D er Bodenbau des Schuhs ist ein Zusammenspiel von Material, handwerklichem Geschick und Erfahrung, und Hunderte von Handgriffen formen über den Maßleisten den Schuh. Zunächst wird der Schaft, der nach dem Leisten gefertigt worden ist, über den Leisten gezwickt, und nach (mindestens) zwei Tagen Trocknung geben Hinter- wie Vorderkappe nicht nur dem Fuß Schutz, sondern halten auch die Form, wobei die Hinterkappe gerade in ihrer Stützfunktion für den Fuß eines der wichtigsten Bauteile im Maßschuh darstellt.

Das Herzstück des Maßschuhs ist die Brandsohle. An ihr werden Schaft und Rahmen durch die Einstechnaht fest miteinander verbunden. Hierfür schwören die meisten Maßschuhmacher auf Rinderhälse der Gerberei ›Rendenbach‹ in Trier. Im Hohlraum zwischen der hochgestellten Risslippe und der Brandsohle trägt man nun – zur Isolierung gegen Kälte und Wärme – Korkschrot auf, wobei man zur Verstärkung ein Gelenkstück und eine Gelenkfeder vom Fersenbereich bis fast zur Ballenlinie des Schuhs in die Korkschicht einbaut. Anschließend wird die Laufsohle aufgeklebt und mit dem Rahmen vernäht (»Doppelnaht«).

Es folgt die Arbeit am Absatz. Er wird in einzelnen Schichten aufgebaut, und erst dann, wenn alle Schichten miteinander verbunden sind und der Klebstoff ausgehärtet ist, kann der Sohlen- und Absatzbereich rundherum in Form geschliffen werden. Mit dem »Ausputzen« bekommt der Maßschuh schließlich sein »Gesicht«.

Je nachdem, ob man den Rahmen schmal beschleift oder ihn

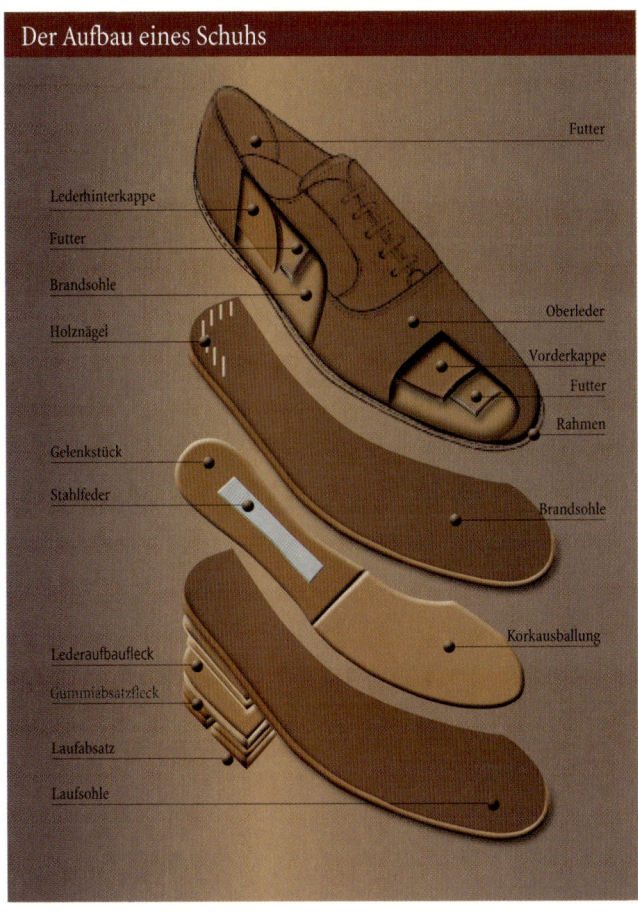

Der Aufbau eines Schuhs

Futter

Lederhinterkappe

Futter

Brandsohle

Holznägel

Oberleder

Vorderkappe

Futter

Rahmen

Gelenkstück

Stahlfeder

Brandsohle

Lederaufbaufleck

Gummiabsätzfleck

Korkausballung

Laufabsatz

Laufsohle

breit lässt, wird er eine ganz eigene optische Wirkung haben. Alles muss am Ende harmonieren, so dass der Schuh zum Träger passt und sein Stilempfinden wiedergibt und unterstützt. Bis zum Ende vergehen gut 22 Arbeitsstunden, ehe ein perfekter Maßschuh gefertigt ist. Welche einzelnen Schritte hierfür erforderlich sind, wird auf den nächsten Seiten detailliert beschrieben.

Zuschneiden der Lederhinterkappen aus bestem, von ›Rendenbach‹ gegerbtem Rinderhals.

Ist die Hinterkappe ausgeschnitten, wird sie in Wasser eingeweicht, damit sie flexibel wird.

Hinterkappe, Überstämme und wärmeverformbare Vorderkappe sind für die Verarbeitung vorbereitet.

Aus vier Millimeter starkem, grubengegerbtem »Altgerberhals« wird die Brandsohle herausgeschnitten.

In der Walze verdichtet man nochmals das Brandsohlenleder. So hält es nach dem Trocknen besser die Form.

Die Brandsohle heftet man auf den Leisten und formt sie in der Langsohlenpresse an.

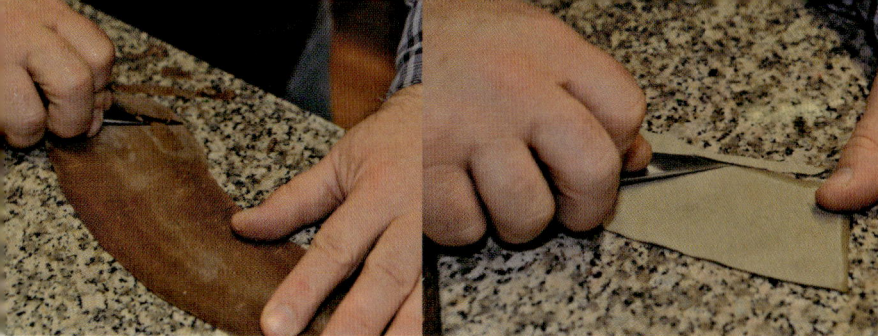

Die wasserdurchtränkte Hinterkappe wird mit
dem Schuhmachermesser ausgeschärft.

Dünnes Kalbsleder wird für die Überstämme
ausgeschärft und auf Länge geschnitten.

Das Brandsohlenleder legt man ins Wasserbad.

Die Narbenseite der Brandsohle glast man ab,
damit der Fußschweiß besser aufgenommen wird.

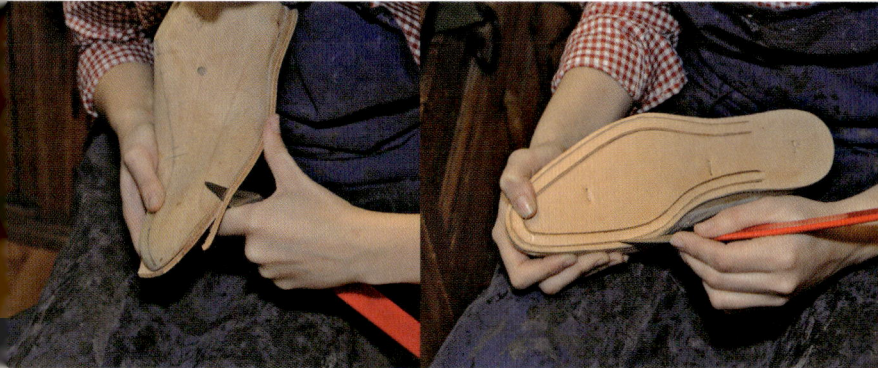

Mit dem Schuhmachermesser beschneidet man
die Brandsohle und bringt sie in Form.

Schließlich macht man einen feinen Einschnitt,
der eine Tiefe von etwa zwei Dritteln der Brand-
sohlenstärke hat.

Der Risslippenöffner legt den Schnitt in der Brandsohle frei.

Mit dem Brandsohlenhobel wird die Außenkante der Brandsohle abgehobelt.

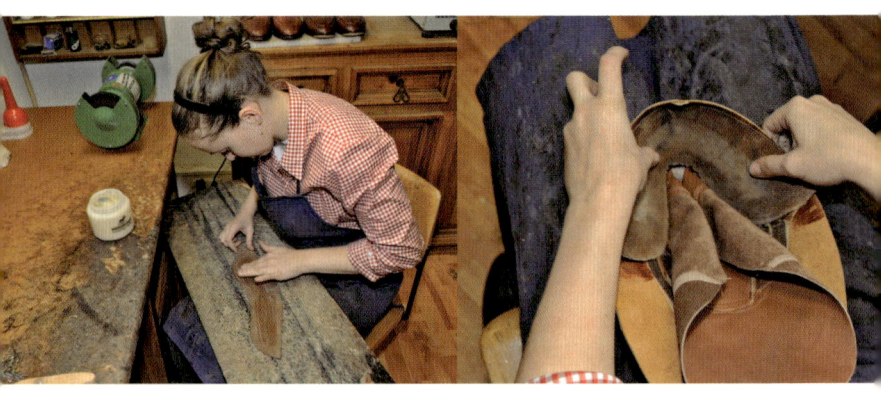

Die feuchte Lederhinterkappe wird mit einem Naturkleber eingestrichen.

Zwischen Ober- und Futterleder des Schafts wird die Hinterkappe eingelegt.

Den Leisten mit der fixierten Brandsohle legt man in den Schaft.

Die Schnürung wird eingestellt, der Schaft vorjustiert.

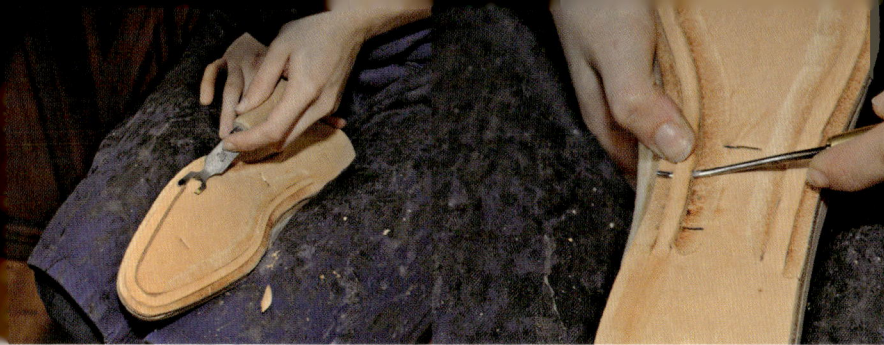

Die inliegende Unterkante der Risslippe wird mit
dem Brandsohlenhobel freigelegt.

Nachdem die Risslippe herausgearbeitet worden
ist, werden mit der Ahle die Einsteckkanäle vorge-
stochen.

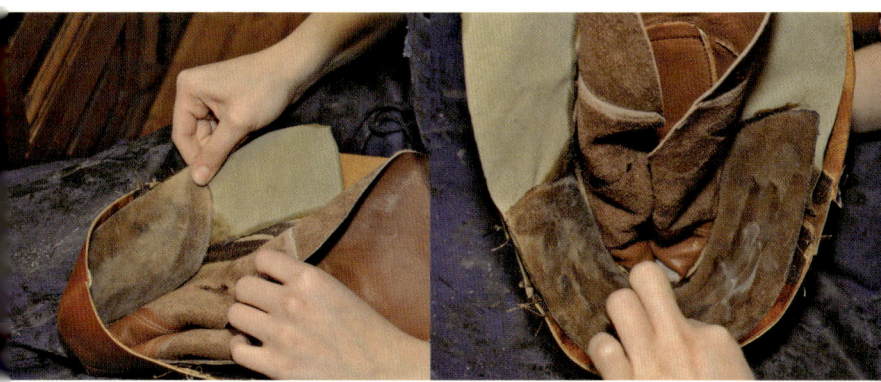

Es folgt das Einkleben der »Überstämme«. Sie
sorgen für nicht sichtbare Übergange bei Hinter-
und Vorderkappen.

Die zum Futter liegende Seite der Hinterkappe streicht man mit Naturkleber ein.
Wenn er getrocknet ist, gibt er Festigkeit.

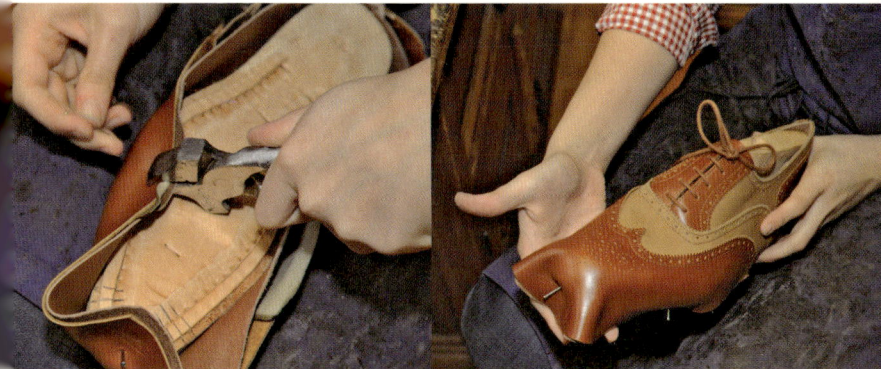

Der Schaft wird fest aufgezwickt. Man beginnt im
Vorfußbereich mit dem Anheften.

Bevor der Schaft in der Ferse heruntergezwickt
wird, überprüft man den Sitz.

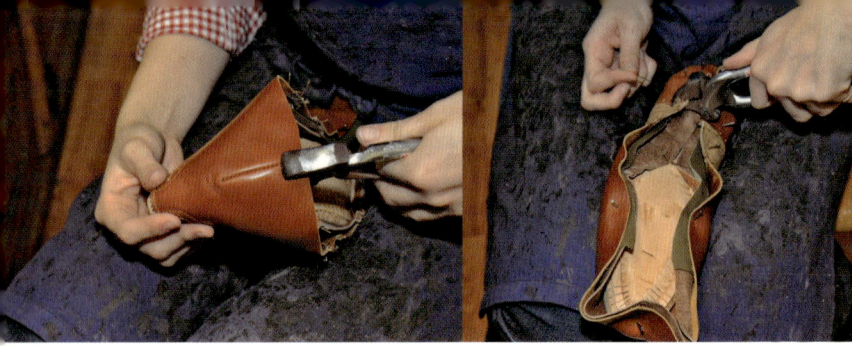

Der Fersenbereich des Schafts wird übergeholt und auf die richtige Höhe gezogen.

Nun zwickt man den Fersenbereich mit der feuchten Hinterkappe komplett fertig.

Das Futterleder des Blatts wird auf die Brandsohle geheftet.

Mit Neoprenkleber werden Futter und Brandsohlenaußenkante verklebt. So löst sich der Schaft nicht, falls mal die Rahmennaht aufgehen sollte.

Die thermoplastisch verformbare Vorderkappe wird aufgelegt.

Mit einem auf 1200 Grad Celsius erhitzten Industriefön formt man die Vorderkappe auf.

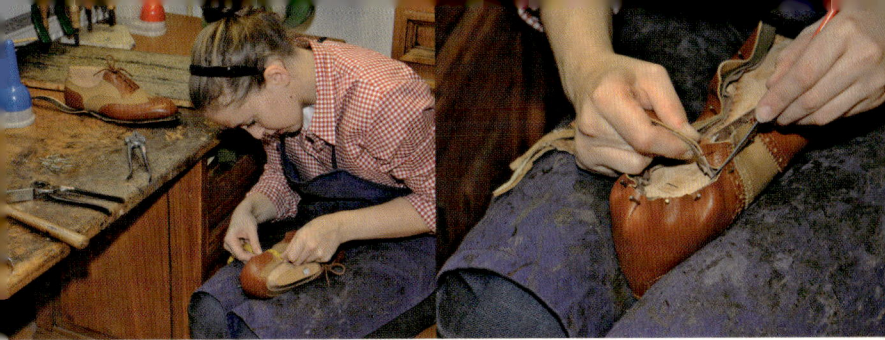

Genauer Sitz der Schaftoberkante im Rückfuß ist wichtig, damit es am Knöchel nicht scheuert.

Was bei Futterleder, Hinterkappe und Oberleder zu viel übersteht, schneidet man ab.

Die Länge der Vorderkappe wird ausgemessen.

Das Futterleder streicht man mit Neoprenkleber ein.

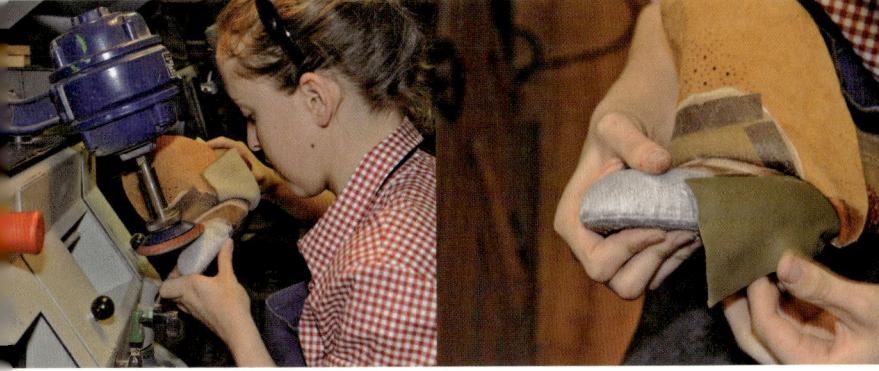

Die Vorderkappe wird an den Kanten dünn auslaufend angeschliffen.

Die Überstämme legt man über die Vorderkappe und fixiert sie mit Kleber.

Man klebt ein dünn ausgeschärftes Stück Oberleder auf die Vorderkappe.

Das Oberleder wird mit Kleber eingestrichen und aufgezwickt.

In den angefeuchteten Rahmen ritzt man eine Risslinie ein.

Mit dem Risshobel formt man einen Kanal in den Rahmen.

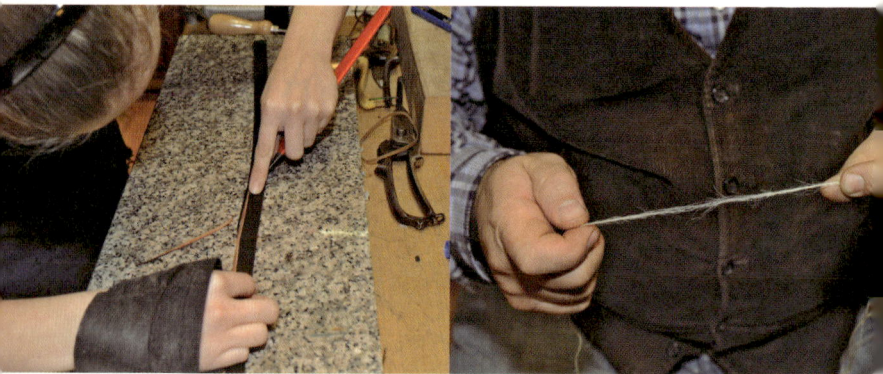

Damit der Rahmen gut anliegt, wird er gegenüber dem Nahtkanal abgelassen.

Für das Rahmennähen wird Hanfgarn an den Enden auseinandergezupft.

Nach dem Zwicken klopft man mit dem
Schuhmacherhammer Unebenheiten weg.

Der Rahmen wird mit einer Schneidemaschine
aus dem Hals geschnitten.

Der Rahmen wird auf der Narbenseite
feingeschliffen.

Mit Lederfarbe färbt man den Rahmen vor.

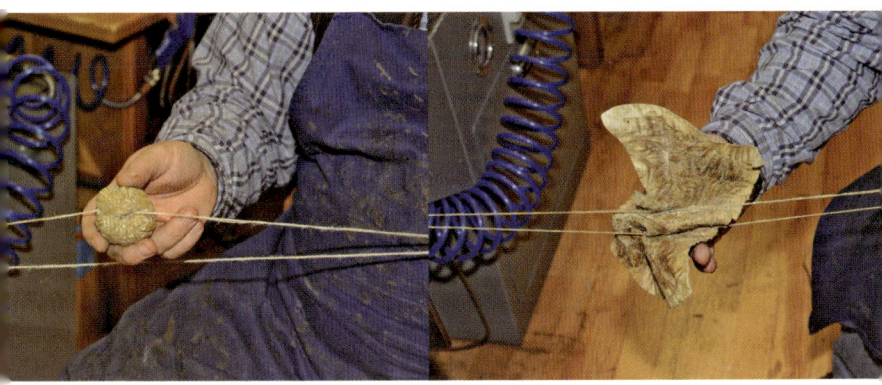

Die mehrlagige Hanfschnur wird mit Pech
eingerieben.

Man drillt das Hanfgarn, reibt mit einem Leder
das Pech glatt und erhält somit den »Pechdraht«.

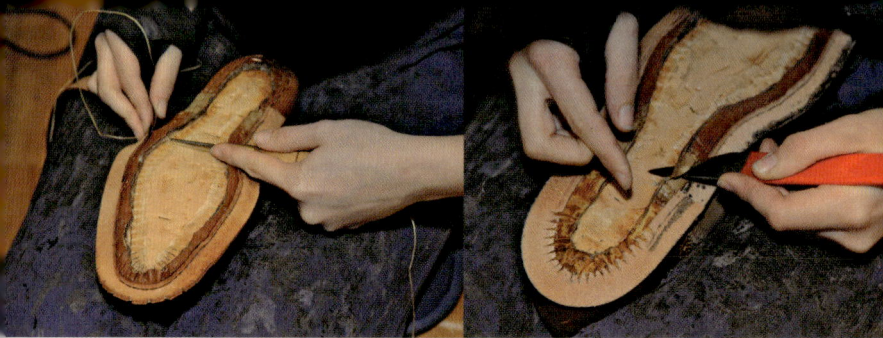

Der an die Brandsohle genähte Rahmen fixiert gleichzeitig den Schaft an der Brandsohle.

Überschüssiges Leder wird oben abgeschnitten.

Ein Gelenkstück aus Thermit wird über die Stahlfeder geklebt.

Flexokork wird als Höhenausgleichsmasse und zur Isolierung eingeklebt.

Aus dem Sohlenleder-Croupon schneidet man auch die Absatzaufbauflecke.

Für gute Arbeit sollte man auch beste Materialien verwenden. Die besten Sohlenleder stellt ›Joh. Rendenbach‹ aus Trier her.

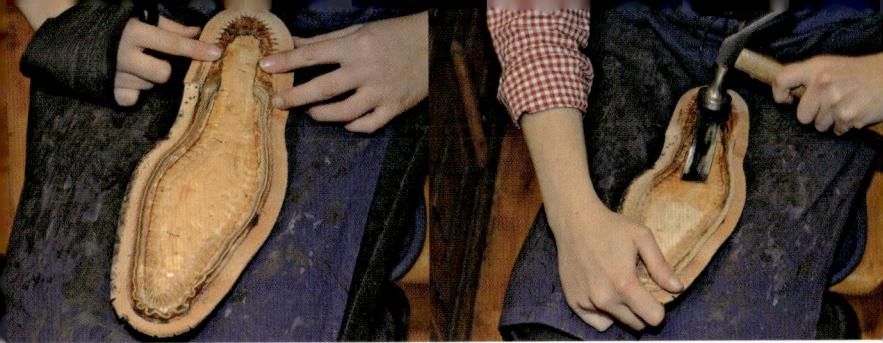

Im Fersenbereich klebt man den Rahmen auf.

Im Gelenk des Schuhs wird eine Stahlfeder angebracht.

Mit der Schuhmacherraspel passt man die Korkausballung an.

Das Laufsohlenleder wird aus circa 5,5 Millimeter dickem Croupon geschnitten.

Korkausballung, Rahmen und Gelenkstück streicht man mit Kontaktkleber ein.

Die Lederlaufsohle wird mit einer Zwickzange im Rahmenbereich angepresst.

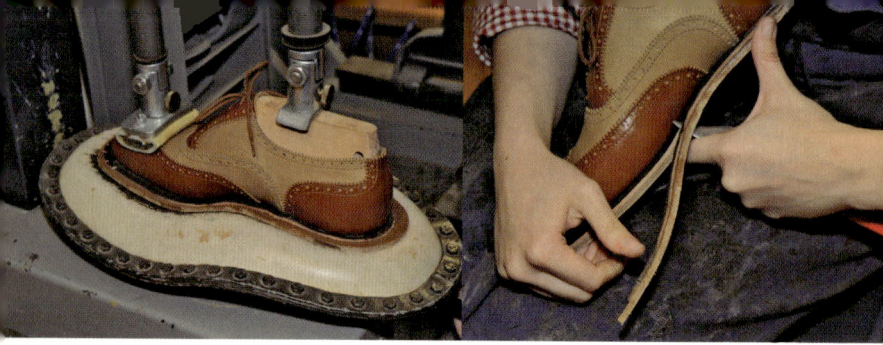

In der Laufsohlenpresse wird die Laufsohle aufgewalkt.

Überschüssiges Sohlenmaterial schneidet man mit dem Schuhmachermesser ab.

Mit dem »Bimser« und 80er Sandpapier wird der Sohlenrand feingeschliffen.

Der Maßschuh hat mit der Sohle sein Gesicht erhalten.

Nun treibt man Holznägel zur Fixierung des Rahmens in die vorgefertigten Löcher.

Die Laufsohle wird von Absatzkante zu Absatzkante eingeschnitten.

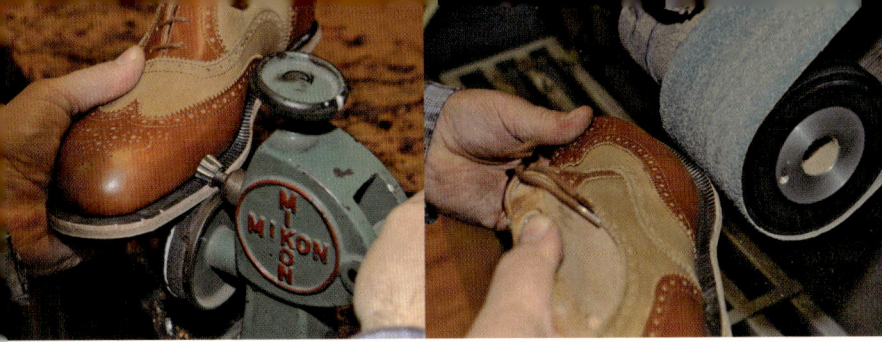

Mit der »Stuppmaschine« wird in den Rahmen eine feine Rillung eingepresst.

Den Sohlenrand schleift man grob in Form.

Die Absatzfläche wird aufgeraut, damit später die Verklebung hält.

Mit dem »Ort« werden Löcher in den Fersenbereich bis in die Brandsohle getrieben.

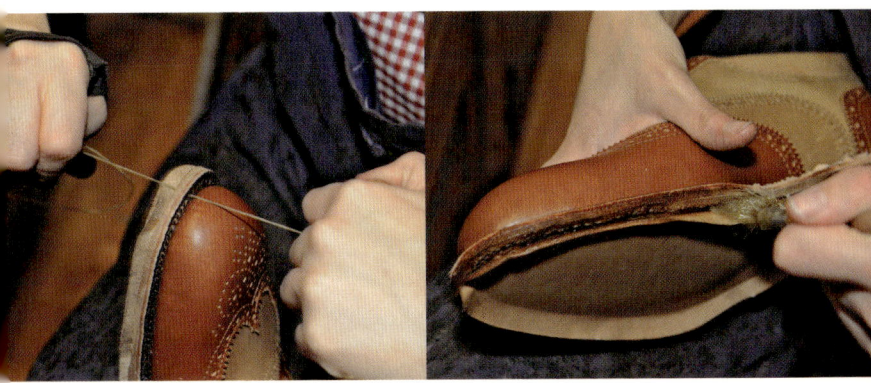

Zusätzlich fixiert man Sohle und Rahmen mittels Doppelnaht.

Zum Schutz der Doppelnaht wird die Laufsohle wieder zugeklebt.

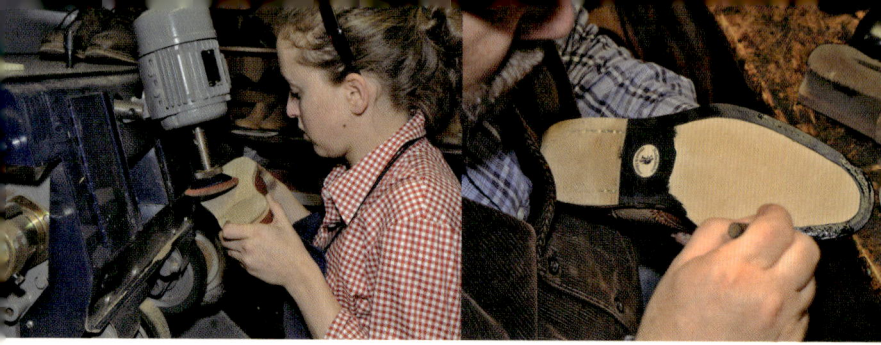

Der Narben der Laufsohle wird fein angeschliffen.

Mit Lederfarbe färbt man die Laufsohle ein.

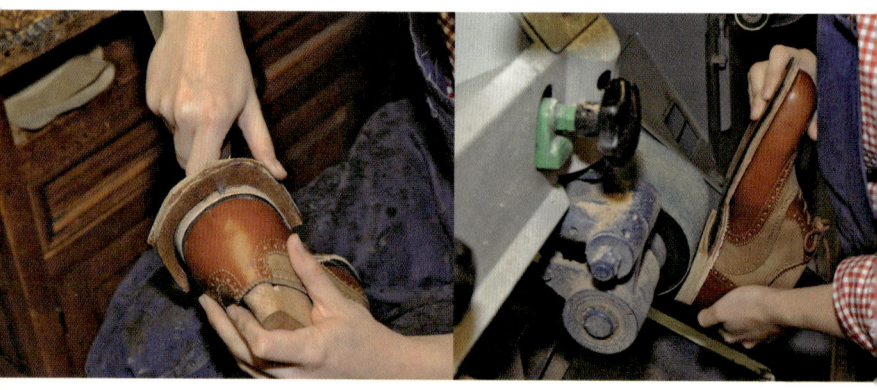

Mit dem Schuhmachermesser schneidet man
überstehendes Material ab.

Mit dem groben Schleifband wird der Absatz auf
Stand geschliffen.

Der Lauffleck sollte eine Gummiecke haben,
damit er sich nicht zu schnell abläuft.

Der zweiteilige Leisten wird aufgeschraubt.

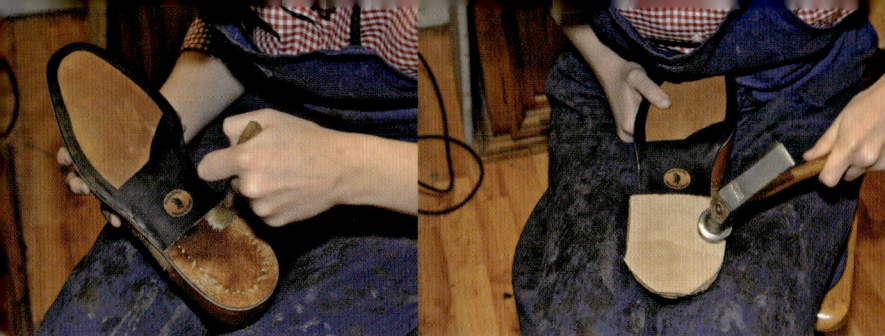

Die Absatzfläche wird zweimal mit Neoprenkleber eingestrichen.

Die Absatzaufbauflecke werden Schicht für Schicht aufgeklebt.

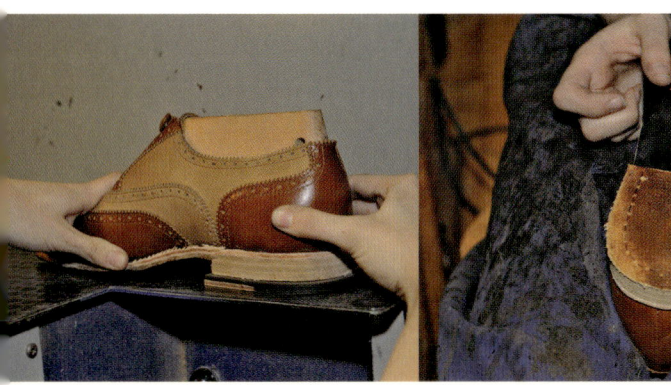

Der Stand des Absatzes wird geprüft und angepasst.

Nachdem die Aufbauflecke holzgenagelt worden sind, wird der Laufleck aufgeklebt.

Nach mehreren Tagen Trockenzeit wird der Leisten gezogen.

Letzter Feinschliff der Sohlenabsatzkante.

Mit dem Sohlenrandmesser wird der Rahmen angefasst.

Den Sohlenrand streicht man mit Lederfarbe ein.

Für die Absätze gibt es ein spezielles Brenneisen, das ebenfalls erhitzt wird.

Mit dem heißen Absatzbrandeisen versiegelt man dauerhaft den Absatzrand.

Das Korkfußbett wird bezogen und in den Maßschuh gelegt.

Auch die Form der Sohle ist für die Ästhetik des Schuhs wichtig.

Ausbrennwerkzeuge werden über der Flamme heiß gemacht.

Wachs wurde aufgetragen. Er wird durch das heiße Sohlenbrenneisen tief in den Sohlenrand eingebrannt.

Messingnägel werden zur Zierde im Sohlengelenk angebracht.

Mit der Brandsohlenraspel raspelt man hervorstehende Holznägel ab.

Passende Zedernholzspanner werden in den Maßschuh geschoben.

Nach insgesamt rund 22 Arbeitsstunden, auf mehrere Tage verteilt, ist der Maßschuh abholbereit.

WAS MANN WANN TRÄGT: GENTLEMAN'S SHOE GUIDE

F alls sich jemand nicht ausschließlich dem Leitspruch »Learning by doing« verschrieben hat, dann kommt für ihn bekanntlich vor der Praxis die Theorie. So auch hier. Wie schon einmal erwähnt, ist der Mann von Welt mit sieben verschiedenen Schuhmodellen bestens für das Auftreten in der Öffentlichkeit versorgt. In diesem Kapitel werden jedoch nahezu dreißig Schuhtypen vorgestellt; sie alle sind es wert, sich näher mit ihnen zu befassen. Bestimmt spricht Sie das eine und andere Modell beim aufmerksamen Betrachten derart an, dass Sie den Wunsch verspüren, irgendwann, vielleicht schon in absehbarer Zeit, solch einen Typ Schuh selbst über Ihren Fuß zu streifen. Bei all dem sollten Sie aber nicht den Blick für das Wesentliche verlieren, das heißt, einige klassische Modelle sollten auf jeden Fall den Grundstock Ihres Schuhportefeuilles bilden, ehe Sie sich den etwas ausgefalleneren, wohl aber Ihren Bedürfnissen entsprechenden Schuhtypen widmen. Deshalb werden zunächst einmal zwei der klassischsten Modelle überhaupt in Wort und Bild vorgestellt: ›Derby‹ beziehungsweise ›Full-Brogue Derby‹ und ›Oxford‹ beziehungsweise ›Plain Oxford‹ – Modelle, die als »Väter« einer ganzen Zahl »Nachkommen« gelten, das heißt, von denen sich nicht wenige Schuhtypen ableiten.

Damit nicht genug der Theorie. Da bei der Vorstellung der einzelnen Schuhtypen nahezu immer auf die jeweilige Nähart eingegangen, sie zumindest erwähnt wird, dürfen auch die einzelnen Nägarten nicht fehlen, damit Sie direkt wissen, ob Sie es hier

Moderner Kalbsleder->Monk‹
(Rudolf Scheer & Söhne)

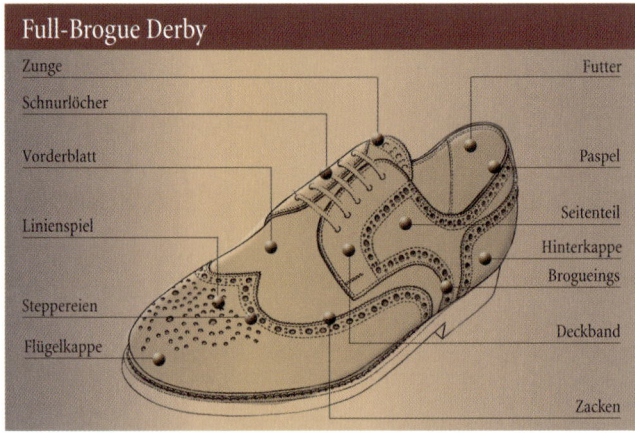

Full-Brogue Derby

Zunge · Schnurlöcher · Vorderblatt · Linienspiel · Steppereien · Flügelkappe

Futter · Paspel · Seitenteil · Hinterkappe · Brogueings · Deckband · Zacken

mit einem rahmengenähten oder zwiegenähten, einem durchgenähten oder flexibel genähten Schuh zu tun haben.

Derby

Typisch für dieses klassische Schuhmodell: Beim ›Derby‹ liegen die beiden von der Ferse kommenden Seitenteile des Schafts auf dem Vorderteil auf, wodurch der Schuh eine offene Schnürung besitzt. Der ›Derby‹ bildet die Grundlage für andere Schuhmodelle, wie etwa den ›Norweger‹ und den ›Budapester‹. Man spricht daher bei diesen Modellen allgemein vom »Derbyschnitt«.

Die »Quartiere« – so die Fachbezeichnung für die Seitenteile – beginnen an der Fersennaht und werden auf das Vorderblatt (den Vorderteil des Schafts) aufgenäht. Den klassischen ›Derby‹ zeichnet der »Derbybogen« aus. Das ist die Vorderkante des Quartiers, die sich in diesem Fall bogenförmig nach oben schwingt.

Ein unverzierter »Derby« hört auf den Namen ›Plain‹, einer mit Lochverzierungen heißt ›Half-Brogue‹ und einer mit Flügelkappe ›Full-Brogue‹. Im Gegensatz zum ›Oxford‹ ist der ›Derby‹ eher sportlich, deshalb auch nicht so elegant, lässt sich aber durch ver-

Plain Oxford

Zunge

Schnurlöcher

Steppereien

Gerade Kappe

Hinterkappe

Seitenteil

Deckband

Vorderblatt

schiedene Verzierungsmöglichkeiten sehr individuell gestalten, ist darüber hinaus zu vielem kombinierbar. Vor allem der Freizeitbereich und der Landhausstil sind die Einsatzbereiche für diesen klassischen Schuhtyp.

Oxford

Schlicht, aber gleichwohl elegant. Mit diesen vier Wörtern ist der ›Oxford‹ treffend charakterisiert. Kennzeichnend für dieses klassische Schuhmodell ist die geschlossene Schnürung. Das bedeutet, dass das Vorderblatt des Schuhs auf die Seitenteile genäht ist (Blattschnitt). Durch diese Machart lässt sich der untere Teil der Schnürung nicht so weit öffnen, wie das bei einem Modell mit offener Schnürung, also etwa beim ›Derby‹, der Fall ist.

Der absolute Klassiker, der ›Plain Oxford‹, besitzt keine Verzierungen, kann aber mit einer geraden Vorderkappe ausgestattet sein. Wer es weniger schlicht mag, kann das Modell auch entsprechend aufpeppen, beispielsweise mit Lochmustern auf der Vorderkappe und den Rändern der Seitenteile. Auch hier gibt es die Bezeichnungen ›Half-Brogue‹ und ›Full-Brogue‹.

133

Rahmengenähter Schuh (mit einfacher Sohle)

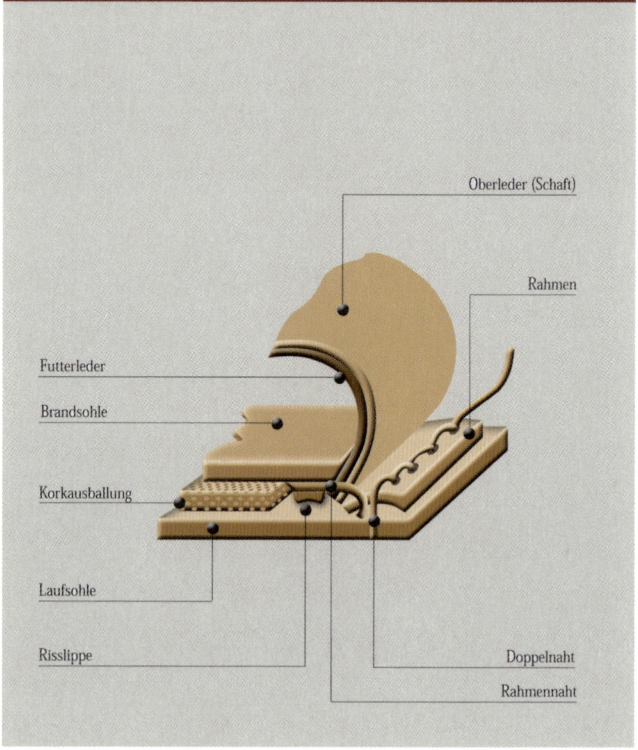

Oberleder (Schaft)

Rahmen

Futterleder

Brandsohle

Korkausballung

Laufsohle

Risslippe

Doppelnaht

Rahmennaht

Aufgrund seiner eleganten Form passt der ›Oxford‹ perfekt zum Anzug und wertet sogar eine einfache Jeans mühelos auf. Der für den Gentleman ideale Schuhtyp hat seinen Ursprung in England und startete seinen Siegeszug im späten 19. Jahrhundert.

Rahmengenähter Schuh

Der rahmengenähte Schuh ist wohl die häufigste Machart im Bereich des klassischen Maßschuhwerks. Hierbei wird das Oberleder mit Futterleder und Kappen gemeinsam mit dem Rahmen

Zwiegenähter Schuh

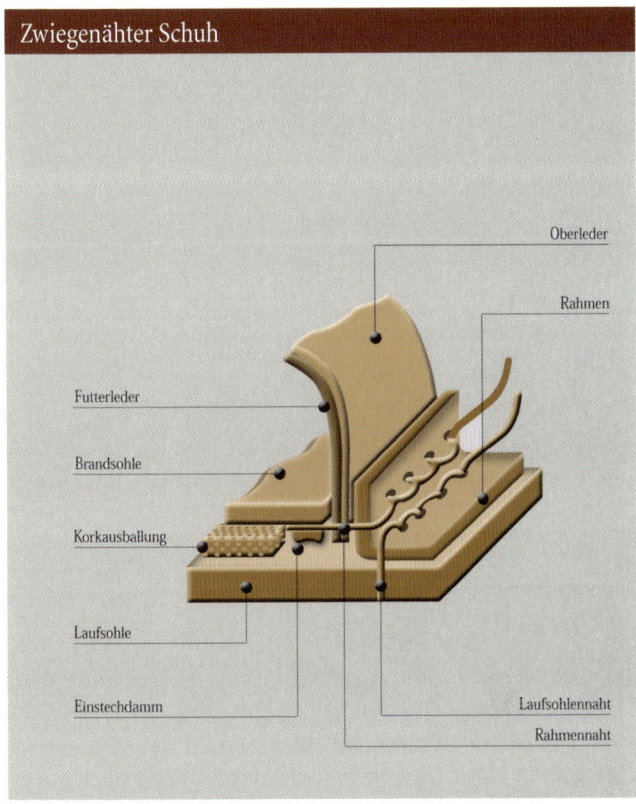

Oberleder

Rahmen

Futterleder

Brandsohle

Korkausballung

Laufsohle

Einstechdamm

Laufsohlennaht

Rahmennaht

an der Brandsohle mittels Pechdraht dauerhaft vernäht. Aus der Brandsohle wird eine »Risslippe« mit dem Brandsohlenhobel herausgearbeitet. Diese Risslippe läuft meistens von Absatz zu Absatz. Sie erhebt sich beim rahmengenähten Schuh circa drei bis fünf Millimeter vom Rand der Brandsohlenaußenkante. Die Brandsohle wiederum besteht aus dem Hals des Rinds und hat eine lockere Faserstruktur. Das ist ein wichtiger Umstand, denn somit reißen die Einstechkanäle, welche die Naht aufnehmen, nicht ein. Ist der Rahmen mit der Brandsohle verbunden, wird

als Höhenausgleich Kork eingeklebt und dann die Laufsohle mit dem Rahmen dauerhaft verklebt und gedoppelt. Business- und elegante Abendschuhe werden in der Regel rahmengenäht. Der Rahmen ist hier auch ein optischer Blickfang. Je enger er anliegt, desto eleganter wirkt der Schuh.

Zwiegenähter Schuh

Zwiegenähte Maßschuhe sind entweder elegant-sportiv oder outdoorgeeignet, da die Machart den Schuh nicht nur derber erscheinen lässt, sondern ihn auch wasserresistenter macht, als es der rahmengenähte Schuh ist. Die Risslippe wird beim Zwiegenähten nur im innen liegenden Teil in circa fünf Millimeter Breite direkt vom Sohlenrand herausgearbeitet. Hier verwendet man einen kräftigen Hals von drei bis vier Millimetern Stärke, um eine gute Stabilität des Einstechdamms zu gewährleisten. Der Rahmen wird um 360 Grad genäht, also rundherum. Nach etwa zweitägiger Trocknung wird dann die Laufsohle beziehungsweise die Zwischensohle aufgedoppelt. Jagdstiefel und Wanderschuhe werden oft zwiegenäht. Und mit Profil-sohlen von ›Vibram‹ versehen, sind sie treue Begleiter bei Wind und Wetter. Darüber hinaus eignen sich auch ›Blücher‹, ›Brogues‹ oder ›Norweger‹ hervorragend für die zwiegenähte Machart, die deshalb so genannt wird, weil Einsteck- und Rahmennaht sichtbar sind.

Durchgenähter Schuh

Im Maßschuhbereich ist der durchgenähte Schuh eher die Seltenheit. Hier werden Ober- und Futterleder auf die Brandsohle geklebt, ehe durch Brandsohle und Oberleder durchgenäht wird, um so den Schaft langfristig zu fixieren. Die Brandsohle wird hier meist aus sehr dünnem Hals hergestellt, da diese Machart mehr bei ›Mokassins‹ oder Sportschuhen Verwendung findet. Durchgenähte Schuhe sind leichter als rahmengenähte oder zwiege-

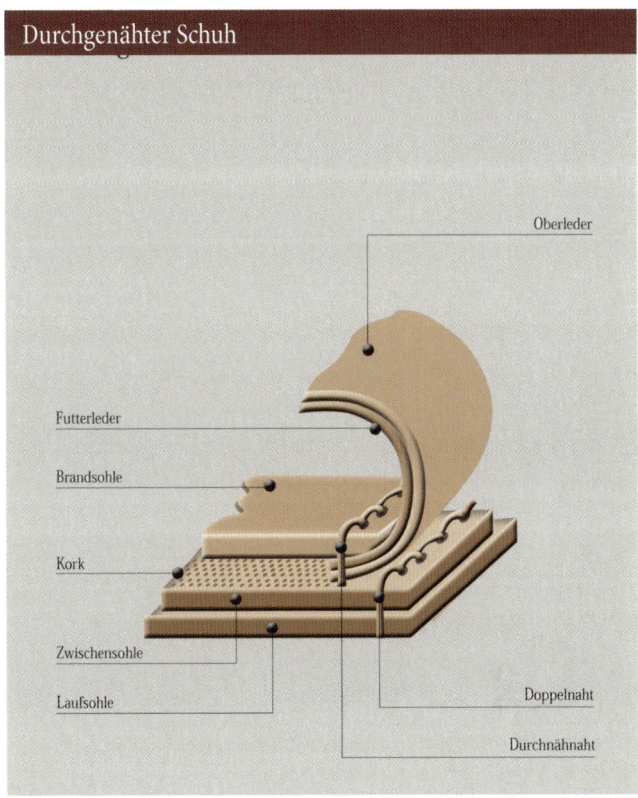

Durchgenähter Schuh

Oberleder

Futterleder

Brandsohle

Kork

Zwischensohle

Laufsohle

Doppelnaht

Durchnähnaht

nähte Schuhe und auch flexibler. Typische durchgenähte Modelle, bei denen man auf Leichtigkeit Wert legt, sind ›Bootschuhe‹, ›Crestaschuhe‹ und ›Slipper‹.

Flexibel genähter Schuh

Maßschuhe in flexibler Machart sind relativ selten. Berühmt wurde diese Herstellungsweise durch die ›Desert Boots‹. Sie eignet sich für alle Schuhe, die sehr leicht und flexibel sein sollen. Beim flexibel gefertigten Maßschuh werden zuerst das Futterle-

137

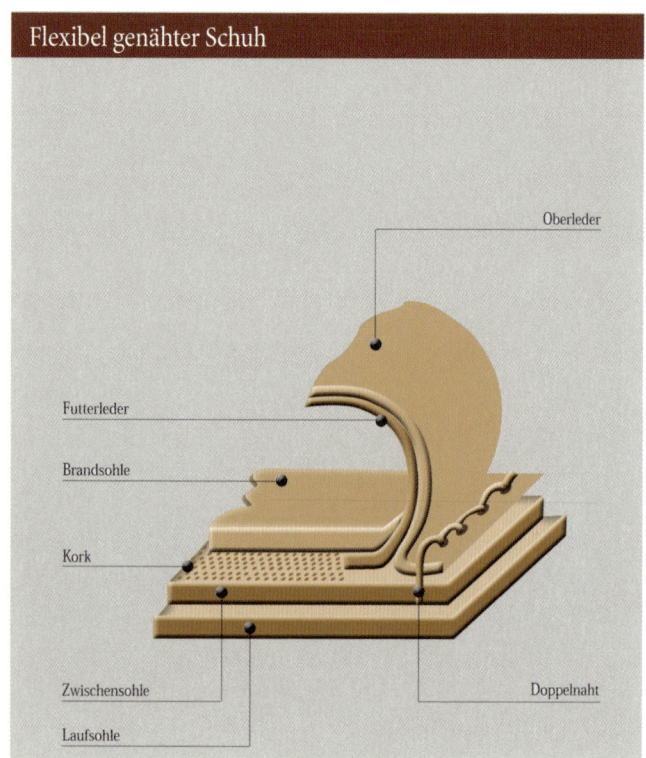

Flexibel genähter Schuh

Oberleder

Futterleder

Brandsohle

Kork

Zwischensohle

Doppelnaht

Laufsohle

der und die Kappen auf die sehr dünne Brandsohle aus einem circa einen Millimeter dünnen Hals geklebt. Anschließend wird eine Zwischensohle aus flexiblem Hals oder Spaltleder aufgeklebt. Auf der Zwischensohle wird das Oberleder festgeklebt und über 360 Grad (rundherum) aufgedoppelt. Diese Machart eignet sich sehr beim Golfschuhbau, da kein Wasser in das Innere des Schuhs gelangen kann. Jedes Modell von ›Oxford‹ bis zum ›Monk‹ lässt sich in dieser Methode herstellen. Versieht man die Maßschuhe mit einer leichten Kunststoffsohle sowie mit einem Absatz, hat der Gentleman den idealen Wegbegleiter für Asphalttrips.

Auf den nächsten Seiten:
Kleines Schuhbrevier

Mitarbeiter von László Vass beim
Sohlenaufrauen für die Verklebung
des Absatzes

Blücher

Der ›Blücher‹ ist der Prototyp des modernen Derby-Schnürers: schmucklos, sachlich, derb-funktionell. Sein tendenzielles »Null-Design« rückt ihn dabei in die Nähe eines klassischen Arbeits-schuhwerks. Der (Hinter-)Grund: Der preußische Generalfeld-marschall Gebhard Leberecht von Blücher (»Marschall Vor-wärts«) verordnete einst ein vergleichbar puritanisches Modell seinen Offizieren. Heute verbucht der ›Blücher‹ eine steile Kar-riere und hat sich trotz seiner wuchtigen Konstruktion mit »Sturmrahmen« sowie Doppel- beziehungsweise Profilsohle zum voll geschäftsfähigen Business-Accessoire gemausert. Seine Bot-schaft: Kompetenz ohne Eitelkeit. Perfekt zu Schnörkellosem, ist der ›Blücher‹ jenseits von starren Büroregeln und gesellschaftli-chem Krawattenzwang universell kompatibel.

Oxford

Elegante Korrektheit ist das Markenzeichen des ›Oxford‹. Die klare Raumaufteilung durch sparsame Teilungsnähte plus Blatt-schnitt – auch »Balmoral-Schnürung« genannt, bei der das

Schuh-»Vorderblatt« über den seitlichen Schnür-»Quartieren« liegt – gibt dem ›Oxford‹ seine typische, konservativ geprägte Noblesse und macht ihn beispielsweise zum perfekten »Arbeitsschuh« für Angehörige des Auswärtigen Dienstes. Als untadelige Garderobebasis ist er überall da richtig am Platz, wo Macht, Geschmack und Business zusammentreffen, also auf Konferenzen und Kongressen ebenso wie in der Oper und auf Bällen. Schwarz ist klassisch, Braun zwar moderner, jedoch nur bis Sonnenuntergang comme il faut.

Budapester

Ungarn, vor dem Sozialismus magyarischer Prägung eine Hochburg der Schuhmacherkunst, verpasste dem Flügelkappenschuh ein eigenes Gepräge: Typisch zwiegenäht mit Doppel- beziehungsweise Profilsohle sowie ›Derby‹-Schnürung statt ›Brogue‹-typischem Blattschnitt (leichter Einstieg für hohen Rist), ist der ›Budapester‹ ein rustikaler Klassiker. Sein zusätzlich häufig geprägtes oder genarbtes Leder, auf dem nicht jeder Regentropfen Spuren hinterlässt, prädestiniert ihn in dieser Ausführung zur

141

universellen Ergänzung der Country-Garderobe. Perfekt zu Tweed wie auch zu Cord, Loden und Plaids, liegt sein bevorzugtes Aufenthaltsgebiet »outdoor«.

Full-Brogue

Hier präsentiert sich die Schuhlegende schlechthin. Auch wer den ›Full-Brogue‹ nicht besitzt, kennt ihn, und so ist sein Bekanntheitsgrad knapp unter einhundert Prozent angesiedelt. Insbesondere der Gentleman steht sprichwörtlich darauf – aus Über-

zeugung, und zwar seit rund einem Jahrhundert. Der kräftige, rahmengenähte Schnürer mit der typischen Lochrosette auf der Flügelkappe (Schuhspitze) signalisiert bis heute kultivierte Tradition. Dabei ist seine Herkunft bodenständig und funktional: Vor etlichen Dekaden erfanden schottische Bergbauern diese Art der »Lochung« als Auslassventil für eindringendes Moorwasser (gälisch »brog« = Schuh). Heute ist der ›Full-Brogue‹ ein zivilisierter Stadtbewohner. Im typischen Braun, auch »Oxblood« genannt, global einsatzbereit vom Office bis zum Stadtbummel, in Schwarz der Liebling beim gehobenen Klerus und bei Puristen jeglicher Couleur.

Sattelschuh

Dieser Schuh ist hauptsächlich in Amerika weit verbreitet. Der Name des ›Sattelschuhs‹ rührt von dem quer über den Rist laufenden Lederstück her, das die Schnürung aufnimmt und somit an einen Sattel erinnert. Den ›Sattelschuh‹ mit geschlossener Schnürung, wie beim ›Oxford‹ üblich, gibt es eher selten, und so tritt er wie der ›Derby‹ meistens als sportiver Schuh mit offener Schnürung auf. Oft wird der ›Sattelschuh‹ mit einer Gummiprofilsohle kombiniert und passt in helleren, gedeckten Farben per-

fekt zur Landhausgarderobe des Gentlemans. In dieser Ausführung kann er auch sehr gut mit einem etwas gröberen Wollstrumpf getragen werden. In zweifarbiger Ausführung – wobei der Sattel stark betont ist – ist er indes recht auffällig, was wiederum gut zum Dandylook passt.

Geflochtener Schuh

Der geflochtene Schuh ist aufgrund seines geringen Gewichts und seiner hohen Luftdurchlässigkeit ein idealer Sommerschuh für die Freizeit, kann aber auch (in Schwarz) zu einem legeren Anzug oder einer saloppen Kombination getragen werden. In der Regel tritt er als ›Derby‹ auf, wobei nicht immer der komplette Schaft aus geflochtenen Lederstreifen bestehen muss. Auch möglich sind geflochtene Schuhe mit glatten Seitenteilen oder mit Vorder- und Hinterkappe aus Glattleder in gelochter ›Budapester‹-Manier, wodurch sie einen ganz eigenen Reiz erhalten.

Longwing

Mit dem ›Longwing‹ begegnet Ihnen die amerikanische Version des ›Brogue‹. Statt zwei Flügelkappen an der Ferse beziehungsweise der Spitze hat er nur einen durchgehenden »Kotflügel«

(plus schnitttechnisch bedingter ›Derby‹-Schnürung). Dieser windschnittigen Linienführung verdankt er seinen sportlich-dynamischen Auftritt, dem ein gewisser »Macher-Appeal« anhängt. Gibt der ›Longwing‹ Jeans und Sportswear »Kultur«, so verhilft er Anzügen zu einer unprätentiösen Lässigkeit.

Semi-Brogue

Der ›Semi-Brogue‹ ist die, weil selten doppelsohlig, »sensiblere« Variante des klassischen Schottenschuhs. Dank reduzierter Ausstattung wirkt er durch verfeinerte Eleganz und introvertierte Klasse. Infolgedessen erweist er sich auch als konsequent resis-

tent gegen Trends und Moden, und so kann sein Profil treffend mit »zeitlos souverän« und »parkettsicher« beschrieben werden. Insofern eignet er sich hervorragend für Anlässe mit Krawatten-zwang. Indikation: risikolose Rundumempfehlung für Vorstands-mitglieder und formelle Freiberufler im Tätigkeitsfeld Volks-wirtschaftslehre und Jurisprudenz.

Chelsea Boot

In einem deutschen Gentleman-Brevier von 1920 wird die Gum-mizugstiefelette als »äußerst unschön« gebrandmarkt, vor allem deshalb, weil Gummi definitiv unelegant sei. Auch dieser Einwurf verhinderte nicht die unaufhaltsame Karriere des Schlupfstiefels mit dem Namen ›Chelsea Boot‹. Heute ist er ein echter Kultschuh, von modebewussten Dandys ebenso geschätzt wie von alters-losen Anglophilen. Junge Designer nehmen sich immer wieder gerne Absatzhöhe und Gummizug vor, um mit der Form des Schuhs zu experimentieren. Das verschaffte dem ›Chelsea Boot‹ den unausrottbaren Ruf als »Schuh der Avantgarde«. Ursprüng-lich zu langen Reithosen getragen, ist die richtige Farbe das

Schwarz der Turnierreiter. Er passt in erster Linie zu dunklen Anzügen – doch nicht nur: Sogar Nadelstreifen und feiner englischer Tweed vertragen sich mit ihm. Angemessene Fortbewegung: zu Pferd oder mit dem Taxi, zu Fuß eher ungern. Wer sich hingegen mit einem ›Chelsea Boot‹ auf einem Mountainbike fortbewegt, der begeht in den Augen eines überzeugten Maßschuhträgers eine Todsünde!

Desert Boot

Der ›Desert Boot‹ wurde als »Wüstentreter« für den Afrika-Feldzug der britischen Armee entwickelt und ist, als modischer Klassiker, ein Abfallprodukt militärischen Kalküls. Flexibel genähte Machart plus Kautschuksohle plus Veloursoberleder machen ihn besonders tragefreundlich, der »ungestylte« Look erweist sich als bestens kompatibel mit jeder Form sportlicher Freizeitgarderobe. Seit den Siebzigern hat der ›Desert Boot‹ Kultschuhstatus und ist, nicht nur für Globetrotter, mit seinem geringen Gewicht als »sommerliche Stiefelette« ideal auf Reisen. Perfekt zu Cord, Jeans, Segeltuch und Leder – und überall da, wo nicht gearbeitet wird.

Oxford Boot

Mit dem ›Oxford Boot‹ präsentiert sich ein ›Oxford‹-Halbschuh mit verlängertem Schaft. Der Aufbau und die Materialien beider Schuhe sind weitestgehend identisch; indes wird dieses Stiefelmodell des Öfteren mit Gummisohle ausgestattet, um seine Tauglichkeit bei schlechtem Wetter zu erhöhen. Der Gentleman trägt diese Stiefel mitunter zum Anzug, da unter einer langen Hose nicht erkennbar ist, für welche Schuhbekleidung sich der Träger entschieden hat. In Jeans wiederum ist der ›Oxford Boot‹ fehl am Platz, und zu festlichen Anlässen sollte er ebenfalls nicht gewählt werden. Anmerkung am Rande: Der Stiefel ist übrigens der Vorläufer des Halbschuhs. Selbst als es vermehrt Halbschuhe gab, bevorzugte der distinguierte Mann weiterhin Stiefel, weil die kleineren »Treter« dem gemeinen Volk vorbehalten waren.

Jodhpur Boot

Schlicht im Erscheinungsbild ist der ›Jodhpur‹, der mit nur einer Schließe als Zierrat daherkommt. In Indien stationierte britische Soldaten sollen ihn erfunden haben, weil er sich gut zum Reiten eignete und wesentlich luftiger war als die bis dato gebräuchli-

chen Schaftstiefel. Es heißt aber auch, dass der Maharadscha von Jodhpur den leicht über den Knöchel gehenden Stiefel mit flachem Absatz und rings um den Schaft in Knöchelhöhe verlaufenden verstellbaren Riemen entwickelt habe. Wie dem auch sei: Der ›Jodhpur‹ ist ein eleganter Stiefel, der sich durchaus als sportlicher Begleiter auf Landpartien, im Stadtpark oder zum Flanieren empfiehlt. Dabei überlässt er Ihnen die Entscheidung, ob Sie nun eine Krawatte umbinden wollen oder nicht. Auch zum Dandylook mit Flanellhemd und Jeans lässt er sich sehr gut tragen. In Cognac kommt er am besten zur Geltung, und Sie brauchen beileibe nicht hoch zu Ross zu sitzen, um cool zu wirken.

Spectator

Dank Colour Blocking wirkt der ›Spectator‹ wie ein modisches Ausrufezeichen, prädestiniert für einen Träger mit gut entwickeltem Selbstbewusstsein. Seine Glanzzeit lag im international geprägten »Jazz-Zeitalter« der goldenen Zwanziger als modegewordenes Symbol der musikalischen Freundschaft zwischen »Schwarz« und »Weiß«. Heute ist der ›Spectator‹ ein betont extravaganter Sommerschuh mit Vorliebe für gepflegte Greens und

149

Clubterrassen, begleitet von einem ›Panama‹ und weißem Leinen. Ein Favorit von Künstlern und Dandys – und natürlich von solchen Zeitgenossen, die den Dalís und Wildes unserer Zeit nachhängen.

Monk

Die asketische Fußbekleidung mittelalterlicher Mönche soll Vorbild für den ›Monk‹ gewesen sein. Heute ist der dezent-extravagante Schließenschuh ein Grenzgänger zwischen Pflicht und Kür im Bereich der City-Garderobe: Sein Einsatzgebiet changiert zwischen kreativem Businessalltag (Werbe-, Public-Relations-Agentur) und privater »Kleinkultur« (Kino, Museumsbesuch). Der ›Monk‹ harmoniert besonders schön mit klassischer Sportswear,

vor allem solcher, die im Kolonialstil gehalten ist. In Schwarz hingegen passt er sogar zum dunklen Anzug (Unisex).

Doppelmonk

Der ›Doppelmonk‹ besitzt im Gegensatz zum normalen ›Monk‹ zwei Schließen. Dadurch lässt er sich der Fußform besser anpassen, als das bei seinem einfacheren Bruder der Fall ist, was eine hohe Bequemlichkeit garantiert und den Tragekomfort steigert. Die zweite Schließe macht den ›Doppelmonk‹ eleganter als den ›Monk‹, weshalb ihn der Gentleman gerne zum (perfekten) Begleiter für seinen Businessanzug wählt. Steigern lässt sich die Optik dieses Schuhs noch durch ein besonderes Leder oder durch goldene oder silberne Schließen, die sich zudem mit dem Familienwappen verzieren lassen.

Norweger

Der Schnürer mit der typischen steifen Steppnaht am Vorderfuß soll von norwegischen Fischern entwickelt worden sein. In späterer Zeit pflegte er dann als ›Mokassin‹ aufzutreten. Heute ist der ›Norweger‹ rahmengenäht und steht für eine sportlich-urbane Aussage. Ein unempfindliches, durch Scotchgrain geprägtes Leder gibt ihm eine pflegeleichte Ausrüstung. Je nach Ausführung

ist er mehr oder weniger rustikal und passt besonders gut zur gepflegt-funktionellen Weekend-Garderobe. Dank seiner schnittigen Optik darf er sich jedoch auch in »Hochglanzbüros« blicken lassen (Unisex).

Mokassin

Es gibt solche und solche ›Mokassins‹. Die traditionelle einsohlige Ausführung ergibt einen eleganten Leisetreter, der sich als typisch ungefüttertes, leichtes Modell sommerlichen Temperaturen verpflichtet fühlt. Eine jüngere Generation technisch variierter ›Mokassins‹ verbindet mittels eines zusätzlichen »doppelten Bodens« das moderne Schlupfdesign mit der Solidität rahmen-

genähter Schuhe. Dieser extra solide »Vier-Jahreszeiten-Mokassin« bewährt sich sowohl auf Herbstlaub als auch auf Großstadtpflaster und ist selbst im Businesskontext trittsicher. Als adäquate Begleitung zum klassischen Navy-Blazer und zu grauem Flanell ebenso wie zu sportlichen Freizeitkombinationen.

Bootschuh

Diese jugendlich wirkende Sportskanone aus Waterproofleder verdankt ihre hervorragende Bootsdeckgängigkeit den von der Natur sinnvoll entwickelten gemaserten Pfoten eines Tieres, die einen cleveren Tüftler zur ersten rutschfesten Sohle inspirierten. Heute haben alle ›Bootschuhe‹ diese Ausrüstung und bedienen als bessere Turnschuhalternative Wasser- wie Landratten. Pragmatisch geprägt, ist dieser ›Slipper‹ eine typisch amerikanische Erfindung. Kein Schuh fürs Festliche oder Formelle, aber ein stilbewusster Casual-Allrounder, der perfekt zu Cord, Jeans, Nylon, ja sogar zum Ostfriesennerz passt.

Penny Loafer

Als amerikanische Erfindung ist der ›Penny Loafer‹ nicht nur flott und sportlich, sondern auch enorm praktisch, da für den Einstieg lediglich ein Schuhlöffel benötigt wird. Seit Jahrzehnten ist dieser

153

Schuhtyp unverzichtbarer Bestandteil der klassischen College-mode und gibt Jeans, Polopullovern und Sweatshirts sowie Sport-sakkos den richtigen Schliff. Heute ist der ›Penny Loafer‹ längst nicht mehr nur auf dem Campus zu Hause, sondern ist auch in Büros und Straßencafés anzutreffen. Von Boxcalf über Nubuk-leder bis zum edlen ›Cordovan‹ signalisiert er in diversen Mate-rialien und allen Farben kultivierten Sportsgeist und dynami-sche Jugendlichkeit. Als echter ›Mokassin‹ (USA) oder rahmen-genäht (Unisex).

Slipper

In den ›Slipper‹ – nomen est omen! – sollen Sie reinschlüpfen und sich wohlfühlen. Die typischen Italiener haben ein Oberteil aus handschuhweichem Leder, das glatt oder samtig sein kann, mit oder ohne Tasseln zu haben ist, und eine dünne, für den ›Mo-kassin‹ charakteristische angenähte Schuhsohle. Das verbindet Haltbarkeit mit Flexibilität. Als leichter, eleganter Schuh passt der ›Slipper‹ zu einem nicht zu steifen Businesslook. Da sein hervor-stechender Trumpf mit »Diskreter Dolce-Vita-Appeal« umschrie-ben werden kann, ist er perfekt beim Bummel auf einer Nobel-meile. Ideal zu hellen Anzügen, Veloursleder und Leinen, auch sportlich, wenn er mit Sweatshirts, Polohemden und Bermudas kombiniert ist.

Fahrerschuh

Der ›Fahrerschuh‹ ist speziell für die besonderen Erfordernisse beim Autofahren entwickelt worden. Deswegen hat er für ein möglichst feines Pedalgefühl eine dünne, flexible Sohle, die über die Ferse bis zur Achillessehne hochgezogen wird, damit der Fuß beim Gasgeben wie auch beim Bremsen eine möglichst gleichmäßige Bewegung ausführen kann und nicht etwa, wie normalerweise, auf der Sohlenkante ruht. Im normalen Alltag gerne als ›Sneaker‹ getragen, werden diese Schuhe im professionellen Rennsport als Stiefel mit feuerfesten Kevlar-Einlagen sowie benzin- und ölresistenter Sohle gebaut. ›Sneaker‹ zum Anzug sind dagegen ein »No-Go«.

Komfortschuh

Es gibt genug »Machos«, und deshalb holen jetzt die »Softies« auf, beispielsweise mit dem ›Komfortschuh‹, der wirklich hält, was sein Name verspricht. Diese an neuen Bedürfnissen orientierte Fußbekleidung Marke »Businesspantoffel« besetzt eine zunehmend wichtiger werdende Marktlücke als Folge gewandelter Arbeitsbedingungen: weniger Büro, größere Mobilität; zehn Stunden Messebesuch haben ihre eigene Logik, weshalb hier die Füße ihr Recht fordern. Gebraucht und geboten werden extraweiche, biegsame Sohlen, etwa aus Kautschukkrepp, zum butterweichen Abrollen und am Rist eine optimale »Kontaktregelung« zwischen Fuß und Schuh, wobei eine breite Schnürfront mit weicher, gepolsterter Lederzunge, die den Druck optimal verteilt, als ideal bezeichnet werden kann. Das geringe Gewicht ist hierbei ein willkommenes Extra. In erdigen Farben kompatibel mit Trenchcoat und Oxford-Jackett (nur Mut!), aber auch mit Cordhose und Barbour-Jacke. Untauglich dagegen zu Nadelstreifen und Smoking.

Haferlschuh

Zu Unrecht wird dem ›Haferlschuh‹ das Etikett »Folklore« angeheftet. In authentischer hochwertiger Ausführung, also original zwiegenäht, mit steiler Kappe (»Schifferl«) und seitlicher Schnü-

rung, wahlweise mit Profil- oder Ledersohle, hat dieser solide, rassig geschnittene Schuh so viel Stil wie der echte Lodenmantel. Beide sind aufgrund ihrer Herkunft aus dem Alpenraum zwar regional und funktional geprägt, können sich jedoch international sehen lassen. Ihr ehemaliges Handicap – der unaufdringlich bodenständige Charakter – ist inzwischen längst zum Trumpf geworden, und so harmoniert der ›Haferlschuh‹ bestens mit traditioneller Landhausgarderobe, zudem mit Cord, Handgestricktem, Sämischleder sowie mit natürlichem Loden – und vermittelt bei aller Rustikalität eine zwar »grob geschnitzte«, aber durchaus sympathische Eleganz.

Sandale

Bis noch vor gar nicht langer Zeit war die Sandale ein modisches »Unding«: Mann riskierte, im Urlaub beim Tragen erwischt, als hoffnungsloser Spießer denunziert zu werden. Mittlerweile hat sich das Bild gründlich gewandelt: »Jesuslatschen« sind zum vollauf fashionfähigen Mode- und Gebrauchsaccessoire avanciert. Inzwischen gibt es die ›Sandale‹ in allen erdenklichen Formen und Materialien (Leder bis Nylon). Dabei ist in den meisten Fällen das relativ geschlossene Modell der klassischen englischen »Bäckersandale« Vorbild und Inspiration. Rustikale Versionen aus 157

gefettetem Leder mit kräftiger Sohle, dazu, im optimalen Fall, sogar rahmengenäht, wirken kernig und neutral und kleiden selbst einen seriösen Geschäftsmann. Zum leichten Sommeranzug, aber auch zu Jeans und Bermudas, am liebsten jedoch unter freiem Himmel, jenseits von Kultur und Karriere.

Trekking Boot

Wenn Bergstiefel zu schwer und ›Desert Boots‹ zu leicht sind, müssen ›Trekking Boots‹ her, beispielsweise für den herbstlichen Betriebsausflug oder für das Picknick am Wochenende, aber auch zum Hiking, Biking, Trekking oder zum schlichten Spazierengehen im Grünen. Der knöchelhohe ›Trekking Boot‹ ist ein entfernter Abkömmling echten Arbeitsschuhwerks und gibt heute seinem Träger nach dem Prinzip »attraktiv und preiswert«, was er braucht: dem Fuß Schutz und dem Knöchel Halt, ohne dabei Bänder und Sehnen durch viel Gewicht und den Geldbeutel durch übertriebene Investitionen zu strapazieren. Das bringt Kompromisse in puncto Solidität mit sich, da wenige ›Trekking Boots‹ genäht werden, aber einen Zuwachs an Komfort. Tigergelb oder Bärenbraun in Nubuk- oder Fettleder und das praktisch gehaltene

Design mit seinen achteckigen Ösen wirken gefällig, weil ohne übertriebene modische Faxen. Darum bestens geeignet für Open-Air-Aktivitäten ohne Extremsportambitionen und kombinierbar mit Jeans, Druck, Nylon und rustikaler Wolle – casual only!

Arbeitsstiefel

Der ›Arbeitsstiefel‹ ähnelt in Look und Ausführung dem Bergstiefel alpiner Provenienz. Die leichtere Version des Bergstiefels ist in Form und Machart regional geprägt und besitzt eine gewisse romantische Ausstrahlung, die noch verstärkt wird, wenn er original zwiegenäht und aus fleischseitigem Leder gearbeitet ist. Der ›Arbeitsstiefel‹ ist nicht gemacht, um zu gefallen, sondern um zu funktionieren – und gefällt eben deshalb. Mit seiner Solidität und Geländegängigkeit ist er für den Alltag in der Großstadt überqualifiziert. Doch am Wochenende gibt es adäquate Einsatzmöglichkeiten, etwa bei Outdoor-Aktivitäten und Adventure-Sport. Er passt einfach da, wo er gebraucht wird. Ansonsten kombinieren Sie ihn am besten mit rauen, Wind und Wetter trotzenden Materialien wie Loden, gewachster Baumwolle, Sämischle-

der und gewalkter Wolle. Der ›Arbeitsstiefel‹ ist ein reines Frei-
zeitschuhwerk – es sei denn, Sie sind als Jäger, Bergführer oder
Gärtner unterwegs. Für romantische Puristen und Schwerge-
wichtler – und fürs pure Vergnügen.

Jagdstiefel

Lange Zeit wenig nachgefragt, ist der ›Schaftstiefel‹ heute wieder
da. Einerseits als Klassiker beständig, ist andererseits seine modische Konjunktur instabil. Der hohe Schaft dieses Stiefels diente
ursprünglich dem Schutz gegen Reibung beim Reiten sowie
gegen Wind und Wetter – ein Aspekt, der heute eher zu vernach-
lässigen ist. Trotzdem hat der Schaft »überlebt«, nicht zuletzt deshalb, weil die Würde der funktionellen Form gefällt und zum Einsatz im »normalen« Leben respektive in der Freizeit verlockt. Sie
können in Schaftstiefeln jagen (Lodenmantel), angeln (Barbour-
Jacke), Motorrad (Lederdress) und Fahrrad fahren (Cordhose).
Oder Sie »stiefeln« in Jeans und T-Shirt mit ihm bequem über
den Asphalt. Manchmal macht es einfach Spaß, mit Kanonen auf
160   Spatzen zu schießen.

Der klassische ›Jagd-Schaftstiefel‹ ist ungefüttert, zwiegenäht und dadurch nahezu wasserdicht. Durch den hohen, geschlossenen Schaft bietet er vor allem im Bereich der Schienbeine besonderen Schutz, was gerade auf der Jagd von Vorteil ist, insbesondere bei der Nachsuche im Dickicht. Einen besseren Halt für den Fuß bietet allerdings der ›Jagd-Schnürstiefel‹. Da er über die Schnürung besser der Fußform angepasst werden kann, eignet er sich gut für längere Strecken, die zu Fuß zurückzulegen sind. Andererseits haben die Schnürsenkel den Nachteil, dass der Träger mit ihnen zuweilen im Dickicht hängenbleiben und der Schuh dadurch aufgehen kann. Um das zu vermeiden, wird die Schnürung oft mit einem zusätzlichen Lederriemen gesichert, der dem Stiefel zudem weitere Stabilität verleiht.

AUF DEN FUß GESCHAUT:
SCHUHE UND MENSCHEN

Aus dem letzten Song der *Dreigroschenoper* gibt es einige Zeilen, die wohl zu den bekanntesten Liedtexten der Theatergeschichte überhaupt gehören. Sie lauten: »Denn die einen sind im Dunkeln, / Und die andern sind im Licht. / Und man siehet die im Lichte, / Die im Dunkeln sieht man nicht.« Bertolt Brecht hat diese Schlusszeilen seines »Stücks mit Musik in einem Vorspiel und acht Bildern« Ende der zwanziger Jahre geschrieben, und was vor rund acht Jahrzehnten treffend den Nerv der Zeit ausgedrückt hat, das hat heute, in einem Zeitalter tagtäglicher medialer Präsenz, eine noch bedeutend größere Gültigkeit.

Menschen, die heutzutage in der Öffentlichkeit stehen, können sich allgemeiner Aufmerksamkeit nicht entziehen, und selbst dann, wenn sie etwas nicht bewusst vermitteln wollen, geben sie durch ihr Tun und Handeln Beispiele. Prominente haben den permanenten Druck, immer eine gute Figur abgeben zu müssen. Da der Maßschuh nicht dazu da ist, um bewundernde Blicke auf sich zu ziehen, ist er für nicht wenige ihre ganz persönliche »Insel«. Da sie zudem oftmals sehr lange auf den Beinen sind, ob in ihrem Job, ob bei Empfängen, kommt der Maßschuh in Sitz, Halt und Tragekomfort für den jeweiligen Träger zur vollen Entfaltung. Auch belohnt sich so mancher prominente Zeitgenosse für seine mitunter harte Arbeit mit einem nur für ihn angefertigten Maßschuh. Einige dieser Persönlichkeiten werden in diesem Kapitel mit ihren Schuhen vorgestellt ...

Winterfeste Kalbs-Scotchgrain-Boots mit Lammfellfutter und dazu passendes Lederensemble, ebenfalls aus Scotchgrain, gefertigt für Heiner Lauterbach

Der Bestsellerautor – mit seinem Buch *Manieren* hatte er einen überwältigenden Erfolg – und Unternehmensberater Prinz Asfa-Wossen Asserate, Großneffe von Haile Selassie, dem letzten äthiopischen Kaiser, ist durch seine Herkunft und sein durch Studienjahre in Cambridge geprägtes britisches Stilempfinden geradezu dafür prädestiniert, seine Garderobe auf Maß fertigen zu lassen. So bestellte er sich beispielsweise ›Monks‹, deren Schließen von Silberschmied Achim Heinkel aus Pforzheim angefertigt wurden und mit seinem Wappen versehen sind. Daneben besitzt er auch Hausschuhe aus Samt, die mit dem Wappen seiner Familie bestickt sind. Ausgerüstet mit der höfischen Disziplin und seiner mitteleuropäischen Eliteausbildung, ist er stets weltmännisch im dreiteiligen Maßanzug anzutreffen. Schlicht und ohne jeden Prunk setzt er gerne im Detail Stilakzente, die nur dem geübten Betrachter auffallen. Seine ›Monks‹ – das bevorzugte Modell von Prinz Asfa-Wossen Asserate – sind meist aus Lack-, Kalbs-, auch schon mal aus Perlrochenleder gefertigt.

Tom Kristensen, »Mr. Le Mans«, hat bis 2008 mit acht Siegen beim ›24-Stunden-Rennen von Le Mans‹ einen (vorläufigen) Rekord

aufgestellt, der zeigt, wie durchsetzungsstark und mental fit dieser Ausnahmesportler ist. Maßschuhe für einen Langstreckenrennfahrer wie Tom Kristensen anzufertigen ist eine echte Herausforderung. Bis ins Detail wurde getestet, mehrere Probeschuhe mussten angefertigt werden, die Tom Kristensen ausgiebigen Dauertests im ›Bentley‹-Rennwagen unterzog. In enger Zusammenarbeit entwickelten wir einen ganz neuen Rennfahrerschuh mit speziellen Einlegesohlen aus Kevlar. Am Ende war ein perfekt abgestimmtes Schuhwerk für die Bedürfnisse eines Langstreckenrennfahrers entstanden. Nebenbei bemerkt: Tom Kristensen ist auch außerhalb der Rennstrecke ein begeisterter Maßschuhträger.

Sterne- und Fernsehkoch Johann Lafer zeigt nicht nur bei seinen kulinarischen Kreationen Mut zu Außergewöhnlichem. So trägt er schon einmal lila Schuhe mit dazu passenden Accessoires wie einem gleichfarbenen Gürtel und eine ebensolche Krawatte zum Nadelstreifenanzug. Das Arbeitspensum des Johann Lafer ist unglaublich, und weil er praktisch ständig auf den Beinen ist, hat er neben mehreren Straßenschuhen auch einen eleganten, bequemen Kochschuh auf Maß mit gesticktem Logo herstellen lassen, und seine Sportschuhe sind ebenfalls auf Maß angefertigt. Es passt ins Bild des Perfektionisten, der nichts dem Zufall überlässt, dass er für die Pflege seiner Schuhsammlung die perfekt ausgerüstete ›Royal Shoe Care‹-Truhe in Wurzelholzausführung zu Hause stehen hat.

Musikkenner und Buchautor Frank Laufenberg ist vor allem durch seine Stimme im Radio bekannt. Schon jahrelang im Geschäft, kennt er die »Ätherbühne« wie nur wenige, ist zudem ständig auf der Höhe der »Musikzeit«. Diese »Höhe« ist auch bei seinem Modeempfinden zu beobachten, und so setzt er auf zeitgemäße Optik und beste Qualität. Wer in Köln aufgewachsen ist, muss nicht folgerichtig eine rheinische Frohnatur sein, doch

Frank Laufenberg entspricht diesem Klischee voll und ganz. Seine offene Art findet sich auch in den Maßschuhmodellen wieder, die er machen lässt. In Stil und Form zeitlos elegant, haben seine Schuhmodelle – vom ›Slipper‹ bis zum Abendschuh – modisch, zudem multifunktional einsetzbar zu sein. Der ›Slipper‹ muss zum Anzug wie zur Jeans passen, und seine Schnürschuhe sucht er ebenfalls nach diesem Kriterium aus. Einzig eine Intarsie im Absatz, die auf seine Musikleidenschaft hinweist, ist als Spielerei erlaubt. Aber: »Dat sieht ja nich jeder … «

Heiner Lauterbach gehört unbestritten zu den stilvollsten deutschen Schauspielern. Nicht umsonst wurde er schon vom *Playboy* zum bestgekleideten Mann Deutschlands gewählt. Was seine Schuhe betrifft: Sein diesbezüglicher Schrank ist derart mit den unterschiedlichsten Schuhmodellen bestückt, dass hier schon von fraulichen Dimensionen gesprochen werden kann. Heiner Lauterbach liebt es, sich der Situation gemäß »gentlemanlike« zu kleiden. Schuhe wie auch Gürtel und Uhr, sogar Portemonnaie und Brieftasche stimmt er aufeinander ab. Er ist eben nicht nur bei seiner Arbeit Perfektionist. Stilistisch orientiert er sich stets am Zeitgeist der aktuellen Mode, ohne jedoch peinlich zu werden. Da ist er ganz Gentleman.

Rennfahrerlegende Jochen Mass, Deutschlands bester Allrounder aller Zeiten, ist ein Leben lang ohne Peinlichkeiten ausgekommen. Und so lässt er sich – very British – folgerichtig Schuhe anfertigen, die sich durch klassisches, schnörkelloses Design auszeichnen. Da er immer noch Sportwagen bei Klassikrennen steuert sowie spezielle Fahrertrainings leitet, hat er sich Rennfahrerschuhe machen lassen, die zum einen seinen fahrerischen Ansprüchen genügen, zum anderen im Alltag als Straßenschuhe taugen. Es ist interessant, ja spannend, für einen Analytiker und Perfektionisten wie Jochen Mass einen Schuh zu bauen, ihn quasi zu entwickeln. Er hat mit diesem Schuh sehr viel Beifall für das De-

sign erhalten und fühlt sich so wohl darin, dass wir einen ›Jochen Mass Gentleman Race Shoe‹ in Serie für ihn entwickeln.

Ralf Moeller, legitimer Nachfolger von Arnold Schwarzenegger in Sachen Bodybuilding und Cigarren, ist mit einer Schuhgröße von 49 prädestinierter Maßschuhträger, da es für ihn selten einen Schuh gibt, der ihm in seiner Größe gefällt. Der Hüne trägt gerne Schnürstiefel, die weit über den Knöchel gehen, da sie ihm bei einer Körpergröße von zwei Metern einen sicheren Halt geben. Mittlerweile hat er für alle Lebenslagen Maßschuhe in Auftrag gegeben, wobei er eine große Vorliebe für exotische Leder hegt. So hat er sich schon Schuhe aus Krokodil-, Straußen- und Perlrochenleder anfertigen lassen. Zudem liebt er individuelle Ornamente, die sich dann im Absatzlauffleck oder in der »Lyra-Lochung« des Schuhs wiederfinden. Ralf Moeller liebt es sportlich, 169

aber auch extravagant – und so entnimmt er seinem Cigarren-
etui aus Perlrochen häufig eine seiner geliebten Havannas.
Schauspieler Erol Sander ist durch seine Tätigkeit als Model geprägt und stets bestens gekleidet unterwegs. Wir fertigten für ihn
beispielsweise Maßschuhe für den Film *Soraya*, in dem er den
Schah von Persien verkörperte. Nicht nur klassische, sondern
auch Sportschuhe lässt er sich individuell anfertigen. Da das Reiten in letzter Zeit zu seiner großen Leidenschaft geworden ist, gehören neuerdings auch Reitstiefel zu seinem Maßschuhsortiment,
wobei diese Stiefel jedoch unbedingt getragen aussehen müssen.
Erol Sander hat uns auch den Kontakt zu ›Bentley‹ vermittelt.
Aber dazu im nächsten Kapitel mehr …

ES LEBE DER SPORT!
MAßSCHUHE
DER SPEZIELLEN ART

D er Sportmaßschuh ist mittlerweile bei jedem Gentleman, der sich für Maßschuhe entschieden hat, ein Thema, da der Mann von Welt auch beim Sport schon immer den extravaganten, stilvollen Auftritt liebte. Waren doch ursprünglich Sportwettkämpfe, sei es Rudern oder Golfen, sei es Tennis oder Autorennen, nur mit hohem finanziellem Aufwand zu betreiben.

Schuhhandwerk ohne Grenzen

Das Anfertigen von Sportmaßschuhen gehört zu den neueren Herausforderungen für den Maßschuhmacher. Hier werden ihm Kenntnisse über Anatomie, Biomechanik, Hightech-Materialien und modernste Verarbeitungstechniken abverlangt.

Wozu Sportmaßschuhe, wenn doch ›Adidas‹, ›Nike‹ und ›Puma‹ schon die tollsten Sportschuhe für jede Sportart liefern?! Ganz einfach: Weil die Industrie nur für die Sportart das Beste fertigt, nicht jedoch den individuellen Bedürfnissen des Sportlers Rechnung tragen kann. Der 65 Kilogramm schwere Marathonläufer beispielsweise belastet Bänder, Gelenke und Knochen mit circa 9300 Tonnen während der 42-Kilometer-Strecke. Dass ein 88 Kilogramm schwerer Läufer seine Gelenke noch mehr belastet, dürfte jedermann klar sein. Doch wenn beide Schuhgröße 43 haben und den gleichen Serienmarkenschuh in 43 tragen, dann weist der Industriesportschuh keinerlei unterschiedliche Dämpfungsmöglichkeiten auf. Dass hier der Maßschuh dem individu-

Autofahrerschuhe, passend
zum Interieur eines ›Porsche GT‹

›Maserati‹-Autofahrerschuh aus
Kalbsnubuk

ellen Körpergewicht Rechnung tragen und mit entsprechend angepassten Sohlenhärten Gelenkproblemen vorbeugen kann, dürfte ebenfalls einleuchtend sein.

Interessant für den Maßschuhmacher ist bei Maßsportschuhen
natürlich auch das Design. Hier ist er als Kreativer gefordert, da
es bei diesem Schuh nicht so starre Vorgaben gibt wie beim tra-
ditionellen Maßschuh, der sich ja sehr stark an einem zeitlosen
Design mit klassischer Prägung orientiert. Klassisches Design ist
gleichwohl bei einigen Sportarten angebracht, etwa bei Polo- und
Golfschuhwerk, wo modischer Schnickschnack einfach fehl am
Platze ist.

Der Bereich »Maßsportschuh« stellt tatsächlich ein weites Feld
für den Maßschuhmacher dar, ist doch nahezu für jede Disziplin
ein Schuh nach Maß denkbar, ausgenommen für solche Sportarten, die barfuß betrieben werden, so etwa Turnen, Schwimmen,
Judo und Gymnastik. Da jede Sportart einen speziellen Bewegungsablauf erfordert, kann somit auch kein Maßsportschuh bei

Sportwanderschuh aus Nubuk
mit Weichpolstereinsätzen und
›Vibram‹-Sportprofilsohle

Sportlaufschuh aus glattem
Kalbsleder und Nubuk mit
Trapezlaufsohle

mehreren Sportarten eingesetzt werden, ja, kann er noch nicht
einmal für zwei verwandte Disziplinen als geeignet gelten. Dass
zum Beispiel für Fußball völlig andere Schuhe gefordert sind als
für Handball, ist mehr als einleuchtend, dass aber für Schießen
und Bogenschießen ebenfalls unterschiedliche Schuhe zwingend
sind, mag auf den ersten Blick überraschen. Sie sind jedoch schon
deshalb notwendig, weil der erste Sport in der Halle auf festem
Boden, der zweite im Freien auf Rasen stattfindet. So gäbe es noch
zahlreiche andere Beispiele, doch auf alle denkbaren Maßsportschuhe in Wort und Bild einzugehen, würde den Rahmen dieses
Buches sprengen. Deshalb sollen auf den nachfolgenden Seiten
einige wenige, dafür aber charakteristische Maßsportschuhe vorgestellt werden …

Tennissport

Tennis führt hier nicht von ungefähr die Reihe der Sportarten an,
ist doch der »Weiße Sport« seit jeher Inbegriff des »Gentleman-

175

sports«. »War« wäre hier der bessere Ausdruck, denn seit selbst auf dem heiligen Rasen von Wimbledon so mancher Crack jeden seiner Schläge mit hervorgestoßenem Gestöhne begleitet, mag der neutrale Betrachter diesen Sport immer weniger mit dem Attribut »gentlemanlike« assoziieren. Die Eleganz ist weitestgehend der Kraft gewichen. Schade.

Da beim Tennis aufgrund der abrupten Bewegungen häufig Sprunggelenksverletzungen auftreten, müssen Tennisschuhe dem Fuß guten Halt geben, im Mittelfußbereich stabil gebaut sein und vor allem im Fersen- und Vorderfußbereich über eine gute Dämpfung verfügen. Eine zusätzliche Verstärkung, die um den Sohlenrand herumläuft und bei den auftretenden Querbelastungen für genügend Halt sorgt, ist auf jeden Fall empfehlenswert.

Sowohl Halbschuhe als auch knöchelhohe Schuhe eignen sich zum Tennisspielen. Bei letzteren wird die Knöchelpartie besonders gut gepolstert, während Schnürsenkel durch ein zusätzliches Klettband nochmals fixiert werden können, um hier ein Aufgehen zu vermeiden. Darüber hinaus dient das Klettband ebenfalls der Stabilisierung des Sprunggelenks. Bei der Sohlenkonstruktion wiederum ist darauf zu achten, dass sie flexibel ist und somit die erwünschte Gleitfähigkeit auf Sand gestattet.

Bekanntlich wird Tennis nicht nur auf Sand gespielt, sondern im Freien auch auf Rasen und Tartan sowie auf Beton, in Hallen dagegen auf Teppichbelägen und Kunstrasen. Daher wird im Maßschuhbereich die Sohlenkonstruktion speziell auf den vom Kunden bevorzugten Belag abgestimmt.

Bliebe noch die Frage des Leders. Hier hat sich sowohl Känguru- als auch weiches Kalbsleder bewährt.

Reitsport

Der Pferdesport gehört zu den exklusivsten Sportarten eines Gentlemans – egal, ob es sich hierbei um Dressurreiten, Spring-

Känguruleder-Tennis-Boot
mit Knöchelpolsterung und
handgefertigter Leichtbau-
sohlenschale

beziehungsweise Jagdreiten oder um Geländereiten, um Galopp-
oder Polosport handelt.

Bei den Reitstiefeln von heute handelt es sich fast immer um
kniehohe Schaftstiefel. Dadurch wird einerseits verhindert, dass
sich der Unterschenkel unter einer locker sitzenden Hose an der
Flanke des Pferdes oder am Sattel wundreibt, andererseits sorgen die Stiefel dafür, dass der Reiter bestmöglich vor hochsprit-
zendem Schmutz geschützt ist, etwa bei Geländeritten.

Für klassische Reitstiefel, die gefällig und elegant aussehen und
gleichzeitig nicht zu schwer sein sollen, eignet sich am besten
Kalbsleder, das überdies für eine elegante Optik sorgt.

Um die Stabilität des Schafts bis zum Knie zu gewährleisten, baut
der Maßschuhmacher eine Schaftverstärkung ein. Diese Verstärkung ist wichtig für eine gute Passform und sorgt dafür, dass der
Reiter über den Schenkeldruck seine Kommandos perfekt an das
Pferd weitergeben kann. Bei Stiefeln, die beim Galopprennen zum
Einsatz kommen, wird meist die obere Hälfte des Schafts noch
einmal zusätzlich verstärkt, um der erhöhten Reibung am Sattel,
die bei dieser schnellen Gangart einfach unvermeidlich ist, Rechnung zu tragen.

Beim Polo wiederum, nicht erst seit Prinz Charles ein wahrhaft
königlicher Sport, kann grundsätzlich jeder Reitstiefel eingesetzt
werden. Die speziell für das Polo angefertigten Stiefel bieten jedoch einige kleine Eigenheiten. So sind sie etwas robuster gebaut,
da die Spieler häufig mit anderen Spielern und Pferden in teils
heftigen Körperkontakt kommen. Zum leichteren Ein- und Aus-
stieg aus den Stiefeln sowie zum besseren Sitz können sie, in einer
eleganten Ausführung, zudem mit einer Schnürung im Fußbe-
reich sowie mit mehreren Lederriemen im Schaftbereich versehen werden. Es gibt sie aber auch mit Reißverschluss über die gesamte Schaftlänge, der oben am Schaft durch einen zusätzlichen
Lederriemen verstärkt wird.

Polostiefel (John Lobb)

Reitstiefel (John Lobb)

179

Rahmengenähter ›Derby‹-
Golfschuh aus Straußenleder,
passend zum Golfbag

Golfsport

Das wohl hervorstechendste Merkmal eines Golfschuhs ist die Sohle, die zur besseren Haftung auf dem Rasen entweder mit Softspikes oder mit Gumminoppen versehen ist, da Metallspikes, wie früher üblich, in der Regel nicht mehr erlaubt sind.

Golfschuhe sind zumeist Halbschuhe, häufig verziert durch Quasten oder unterschiedliche Lederarten. Gerade auf dem Golfplatz, wo während einer Partie nicht selten Geschäfte abgeschlossen werden, ist der Schuh von großer Bedeutung, und zwar sowohl für den Gentleman, der seiner Freizeitbeschäftigung nachgeht, als auch für den Unternehmer, der gerade einen wichtigen Geschäftspartner trifft.

Golfschuhe sind die wohl meistbelasteten Sportschuhe überhaupt. Sie müssen allen Witterungen standhalten, da Golfer nicht nur am frühen und späten Nachmittag auf dem Platz stehen, sondern auch schon in aller Herrgottsfrühe, wenn noch Tau auf dem Gras liegt, den Schläger schwingen. Somit ist schon das Oberleder großen Temperaturschwankungen ausgesetzt. Die wohl größte Temperaturbelastung findet jedoch dann statt, wenn der Golfschuh bei 70 Grad Celsius im hochsommerlichen Kofferraum »brutzelt«, während sich der Spieler im Clubhaus entspannt.

Auch der Schwung des Schlägers setzt dem Golfschuh zu. So kann nur ein fettgegerbtes Leder oder ein Känguruleder, das mit einer Schutzschicht versiegelt ist, das Leder der Wahl sein. Eine Zwischenmembran aus ›Sympatex‹ sorgt dabei für zusätzliche Wasserresistenz. Damit den Kräften getrotzt werden kann, die beim Schwung auf den Schuh einwirken, muss die Hinterkappe des Standbeinschuhs lateral, also längsseitig, verstärkt werden, um dem Fuß mehr Halt zu geben und starke Ausbeulungen am Schuh zu vermeiden. Beim Schwungbein wiederum wird die Großzehe stark belastet. Daher wird im Fußbett das Großzehengrundgelenk unterpolstert und gleichzeitig tiefer gelegt, um den Druck zu minimieren. Als Machart empfiehlt sich ein flexibel genähter Golfschuh, da hier auch im Rahmenbereich kein Wasser in den Schuh gelangen kann.

Ledersohlen sind hingegen ungeeignet, da die heftigen Wechsel zwischen Trockenheit und Feuchtigkeit zu Deformationen der Sohlenstruktur führen können. Außerdem wird der Schuh mit Ledersohlen schwerer als mit Kunststoffsohlen. Wer trotzdem auf Ledersohlen besteht, muss sie immer wieder mit Sohlenöl einfetten.

Radsport

Der in der letzten Zeit im Profibereich so stark gebeutelte Radsport hat im Amateur- und Hobbybereich nichts von seiner Faszination verloren. Warum auch? Es hat doch schließlich kein Geringerer als Leonardo da Vinci die ersten Skizzen eines Fahrrads angefertigt – wenn er auch seinerzeit den Radsportschuhen sicherlich keine gesteigerte Aufmerksamkeit zukommen ließ.

Moderne Radsportschuhe zeichnen sich vor allem durch ihre steife Konstruktion aus, die dafür sorgt, dass der Fuß des Fahrers möglichst flach gehalten wird und so die Kraft optimal auf das Fahrrad übertragen kann. An den Sohlen sind oft Vertiefungen angebracht, welche die korrespondierenden Zapfen der Pedale aufnehmen und so dafür sorgen, dass man nicht abrutscht. Bei vielen Sportfahrrädern werden übrigens die Schuhe über Klickverschlüsse in den Pedalen fixiert, so dass die Schuhe nur durch Drücken dieser Verschlüsse per Hand gelöst werden können.

Radsport ist eine die Gelenke schonende Art, Sport zu betreiben. Wie bei vielen anderen Sportarten, so hat man auch hier die Möglichkeit, der Gesundheit durch den Einsatz moderner Technik auf die Sprünge zu helfen. Bei der Radsportanalyse nach Manfred Semmlin werden die Bewegungsabläufe des Sportlers mit mehreren Kameras digital erfasst. So ist es möglich, in Zeitlupe den Bewegungsablauf und die Körperhaltung genau zu analysieren sowie Fehlstellungen der Wirbelsäule und Längendifferenzen an Armen und Beinen durch Veränderungen an Lenker und Pedalen gezielt auszugleichen.

Um eine perfekte Kraftverteilung am Schuh zu garantieren, findet eine Innensohlendruckmessung statt. Sie zeigt die dynamische Belastung des Fußes am Computer auf – und Manfred Semmlin fertigt nach diesen Messungen dann perfekte sportartspezifische Einlagen an.

Einwurf

Überhaupt kommt den Einlagen, und zwar bei Schuhen für alle Sportarten, eine besondere Bedeutung zu. Vor dem Tragen ist hierbei das Messen unerlässlich, genauer die Innensohlendruckmessung. Sie verbessert extrem die Analysemöglichkeit der anzufertigenden beziehungsweise der angefertigten Einlage. Gerade bei Einlagen für Sportschuhe ist ein solches Druckmesssystem von großem Nutzen, zeigt es doch den Druck an der Fußsohle während der dynamischen Belastung des Schuhs durch den Sportler an. Neueste Mess-systeme haben zudem eine Funkübertragung und ermöglichen sogar den Einsatz im Freien. Die so gewonnenen Ergebnisse helfen, eine perfekt auf die Sportart und den Sportler abgestimmte Einlage herzustellen.

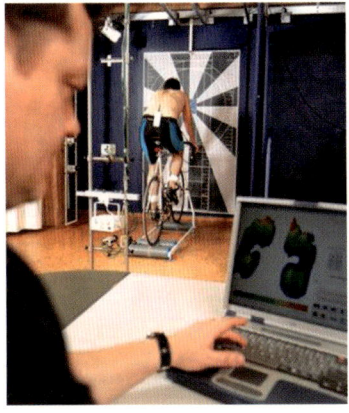

Je nach Größe können die flexiblen Messsohlen mit

vierzig oder mehr Sensoren pro Sohle ausgestattet sein. Die Daten werden direkt an den Computer gesendet und dort gespeichert. Sportliche Bewegungen lassen sich auf diese Weise mit einem Höchstmaß an Genauigkeit erfassen.

Skisport

Um direkt in medias res zu gehen: Beim alpinen Skistiefel soll der Fuß so gut wie möglich in einer einzigen Position fixiert werden. Er ist nicht dazu gedacht, Bewegungen des Fußes auf den Boden zu übertragen, sondern er soll eine möglichst starre Verbindung zwischen Fuß und Ski bilden. Aus diesem Grund ist er auch aus völlig unflexiblem Kunststoff hergestellt. Daher ist es völlig unsinnig, mit einem Skistiefel vor dem Kauf probezulaufen. Er sollte auch nicht unbedingt bequem sein. Denn je mehr er drückt und je enger er ist, umso besser erfüllt er seinen Zweck auf dem Ski. Deshalb kann es mitunter durchaus sein, dass optimal sitzende Skistiefel zwei Nummern kleiner sind als die normalen Straßen-

Skischuhe: Maßgefertigter
Innenschuh mit
›Therm-ic‹-Heizeinlagen

schuhe. Bei professionellen Rennläufern kann dieser Umstand noch extremer ausfallen. Gleichwohl bieten maßgefertigte Skistiefel für Hobbyskifahrer, bei denen die stramm sitzende Passform nicht außer Acht gelassen wird, einen besseren Tragekomfort als solche »von der Stange«. Meist haben hier die Maßstiefel individuelle Einlagen beziehungsweise speziell gepolsterte Zungen, welche auf die Bedürfnisse des Trägers abgestimmt sind. Die Kür stellt allerdings der komplett ausgeschäumte Innenschuh dar, eventuell mit einer Nachbearbeitung der Kunststoffschale.

Seit Neuestem besinnen sich nicht wenige wieder auf Stil und Eleganz auf der Piste, eben ganz im Sinne eines Gentlemans. Hier werden, passend zum Outfit, auch Skischuhe aus Leder im Stil der fünfziger und sechziger Jahre getragen. Ein wichtiges Element ist auch hier, wie beim Crestaschuh, die wärmende Einlage von ›Therm-ic‹, denn gerade bei Minusgraden ist die Durchblutung der Füße ein nicht zu vernachlässigender Gesichtspunkt.

Crestasport

Es lebe mitunter nicht nur der Sport, sondern zuweilen auch der elitäre Sport. Und der heißt in diesem Falle »Cresta«. Wie es sich für eine solche nicht gemeine Sportart gehört, gibt es natürlich selbst hierzu den passenden Schuh. So ist denn der Crestaschuh ein absoluter Spezialschuh, der für den legendären ›Cresta-Club St. Moritz‹ entwickelt wurde. Dieser Cresta-Club, seit 1885 existent, ist ein privater Club. Nichtmitglieder sind zwar immer willkommen, doch wer partout Mitglied werden möchte, muss darauf hoffen, dass keiner der zwölfhundert teils sehr prominenten Persönlichkeiten dagegen Einspruch erhebt. Sonst wird daraus nichts. Wie gesagt, Cresta ist elitär.

Beim ›Cresta-Run‹ in St. Moritz stürzen sich die Fahrer, ähnlich wie beim Skeleton, bäuchlings einen 1200 Meter langen Eiskanal hinunter, eben den ›Cresta-Run‹. Gelenkt wird mit den Füßen, genauer gesagt mit den Schuhspitzen. Dadurch ist die Hauptanforderung an den Schuh auch schon gestellt. Der bislang einzige speziell entwickelte Crestaschuh von ›Himer & Himer Maßschuhe‹ wird in zwei Ausführungen hergestellt …

Der ›Cresta Race Shoe‹ in modernem Design ist als Halbschuh aus wasserresistentem Känguruleder in Leichtbauweise gefertigt und mit einem antiseptischen Silberfutter ausgestattet, das Fußgeruch neutralisiert. Die Sohle ist flexibel gehalten, um bessere Sprints beim Anschieben des »Toboggan« genannten Schlittens zu gewährleisten, während die an einen Käfig erinnernde Metallspitze aus Aluminium besteht und zur besseren Haftung auf Eis mit Spikes versehen ist. Zusätzlich besitzen die Schuhe innen eine Heizsohle der österreichischen Firma ›Therm-ic‹, welche die Füße bis zu 18 Stunden auf 37 Grad Celsius warm hält.

Der knöchelhohe ›Cresta Classic Boot‹ ist aus fettgegerbtem Kalbsleder mit Pferdelederapplikationen gefertigt und mit einem wärmenden Lammfellfutter ausgestattet. An der Schuhspitze besitzt er eine von der Firma ›WMF‹ in Handarbeit gefertigte Metallführung aus rostfreiem V4-Stahl. In die aus Leder bestehenden Sohlen und Absätze werden rund einhundert Jahre alte handgeschmiedete Nägel eingearbeitet. Es gibt eben nichts, was es nicht gibt …

Wandersport

Wenden wir uns wieder Alltäglichem zu, etwa Wanderungen, ausgedehnten Spaziergängen und leichten Bergtouren. Ein Schuh, der diesen Anforderungen genügt, muss nicht so stabil und massiv gebaut sein wie ein richtiger Bergstiefel, der zum Beispiel auch für Steigeisen geeignet sein muss. Der Sportwanderschuh geht aber ebenfalls über den Knöchel, um die Verstauchungsgefahr zu verringern und die Stabilität zu erhöhen. Er hat eine Profilsohle aus Gummi und wird häufig aus wasserabweisendem und un-

Durchgenähter ›Himer Cresta
Classic Boot‹ mit 4V-Stahlspitze
von ›WMF‹

Crestafahrer Dominik von
Ribbentrop mit seinen
›Himer Cresta Classic Boots‹ auf
der Natureisbahn von St. Moritz

empfindlichem Rauleder gefertigt, welches auch optisch sehr gut zum Charakter dieses Schuhs passt. Eine Trapezsohle, welche die Auftrittsfläche vergrößert und so einen stabileren Tritt ermöglicht, insbesondere in unebenem Gelände oder auf Geröll, ist hier erste Wahl. Meist ist der Sportwanderschuh auch stärker gefüttert, wodurch er sich selbst über längere Zeit angenehm tragen lässt. Der Gentleman kann ihn übrigens sehr gut mit einem Countrylook kombinieren.

Fußballsport

Was ist schon Reiten, Polo, gar Cresta gegen »König Fußball«? Nun denn: Aufgrund der besonderen Belastung des Schuhs beim Fußball durch schnelle Richtungswechsel sowie Beschleunigungs- und Abbremsbewegungen kommt der Machart des maßgefertigten Fußballschuhs eine besondere Bedeutung zu. Wie bei den meisten Sportarten sollte er möglichst widerstandsfähig, aber auch leicht sein, weshalb hier meist Känguruleder zum Einsatz kommt. Ein besonders wichtiger Punkt sind die verwendeten

Känguruleder-Fußballschuh mit
Silberfutter und Keramikstollen

Stollen. Die besten Eigenschaften bieten Keramikschraubstollen. Aufgrund ihrer Härte findet hier praktisch keine Oberflächenabnutzung statt. So wird die Verletzungsgefahr durch die Stollen minimiert, da Sand oder kleine Steinchen, die auch auf Rasenplätzen immer vorhanden sind, keine Kratzer an der Keramikoberfläche hinterlassen. Es hat sich erwiesen, dass runde Stollen besser sind als längliche, da der Spieler so problemloser mit dem Standbein eindrehen kann. Bei länglichen Stollen kann es nämlich zu Kreuzband- und Kniegelenksüberlastungen kommen, da sie das Drehen des Standbeins behindern.

Automobilrennsport

Seit Beginn des neuen Jahrtausends beschäftige ich mich mit dem Thema »Autorennfahrerschuhe« – und seit 2003 sehr intensiv. Doch kommen wir endlich auf Erol Sander und damit auf das Kapitel ›Bentley‹ zurück. Der Schauspieler war 2002 zu Gast beim ›24-Stunden-Rennen von Le Mans‹. Auf dem Weg dorthin hatte er Maßschuhe bei mir in Baden-Baden abgeholt, und als er das »Zelt für interessante Personen« von ›Bentley‹ aufsuchte, waren die Manager der britischen Nobelmarke derart von seinen Schuhen begeistert, dass sie für ihre beiden Teams Rennfahrerschuhe von mir anfertigen ließen. 2003 startete dann ›Bentley‹ mit zwei Sportwagen und sechs Fahrern in Le Mans, die den ersten und zweiten Platz herausfuhren, wobei die Fahrer allesamt ›Himer Race Shoes‹ vertrauten, die nicht nur feuerfest verarbeitet sind, sondern auch eine Spezialsohle aus Karbon haben, die den Druck beim Bremsen und Kuppeln besser auf den Fuß verteilt. Da vor dem Preis bekanntlich der Schweiß fließt, war ein hartes Stück Arbeit mit zahlreichen Tests erforderlich, ehe schließlich die optimalen Rennfahrerschuhe angezogen werden konnten. Einige Etappen hierzu sind auf Seite 191 bildlich nachzuvollziehen.

Mittlerweile lassen sich immer mehr Privatrennfahrer Rennfahrerschuhe auf Maß fertigen, aber auch eigens hergestellte Maßschuhe für spezielle Rennen sind nach wie vor an der Tagesord-
nung, so etwa Klassikrennschuhe für die ›Mille Miglia Storica‹,
die unter anderem Jochen Mass und Prinz von Savoyen anziehen,
wenn sie im Mai in Norditalien an den Start gehen.

Hinweis zum Schluss: Die ›Le Mans‹-Siegerschuhe vom ›Team
Bentley‹ sind übrigens im ›Deutschen Schuhmuseum Hauen-
stein‹ wie auch im ›Fahrzeug-Museum Marxzell‹ (Landkreis
Karlsruhe) ausgestellt.

›Himer Bentley‹-Rennfahrerschuh

Vallelunga, Italien, 28. Januar 2003. Die Füße der Rennfahrer Tom Kristensen, Rinaldo Capello und Guy Smith werden vermessen.

30. Januar 2003. Lieferung der Probeschuhe nach Vallelunga und Anprobe mit den Rennfahrern.

London, 4. Februar 2003. Rennwagen und ›Bentley‹-Schuhe werden der Presse vorgestellt. Von links: David Brabham, Tom Kristensen, Guy Smith.

Maßnehmen beim zweiten ›Bentley‹-Team. Hier zu sehen: Mark Blundell (links) und Johnny Herbert.

16. April 2003, 14 Uhr. Rennstrecke ›Paul Ricard‹. 36-Stunden-Test für Schuhe und Rennwagen.

17. April 2003, 2 Uhr. Atmosphäre beim Dauertest der Materialien für Le Mans.

MIT HAKEN UND ÖSEN: DIE KUNST DES SCHNÜRENS

Zunächst einmal: Bei eleganten Schuhen haben die Schnürsenkel immer die Farbe des Schuhs – und wenn nicht, sollten sie höchstens eine Nuance dunkler sein. Mehrfarbige oder von der Lederfarbe stark differierende Schnürsenkel sollten ausschließlich Sportschuhen vorbehalten bleiben. So können beispielsweise rote Schnürsenkel an beigefarbenen Bergstiefeln oder weiße Schnürsenkel an blauen Segelschuhen mitunter sehr gut aussehen.

Aber Schnürsenkel sollen nicht nur gut aussehen, sondern haben auch vor allem eine Reihe qualitativer Anforderungen zu erfüllen. So gibt es sie geflochten, gestrickt, gewebt, und mitunter sind mehrere Macharten miteinander kombiniert. Runde Ausführungen sind genauso erhältlich wie flache, und beide Arten gibt es sowohl hohl als Schlauch als auch mit einer innen liegenden Verstärkungsfaser, der »Seele«. Letztere sind haltbarer und für Maßschuhe zu bevorzugen.

Als Materialien kommen Baumwolle und Kunstfasern, selten dagegen Leder in Frage. Mischfasern aus Kunststoff und Baumwolle bieten die besten Eigenschaften und besitzen eine angenehme Haptik. Lederschnürsenkel wiederum werden hauptsächlich für ›Bootschuhe‹ verwendet. Die Lebensdauer von Lederschnürsenkeln ist meist nicht so hoch, da sie oft aus minderwertigem oder schlecht gegerbtem Leder hergestellt werden. Selbst bei guten Lederschnürsenkeln ist die Zugfestigkeit geringer als bei Schnürsenkeln anderer Machart.

Schnürsenkel aus Baumwolle oder Mischfasern gibt es auch in gewachsten Ausführungen. Solche Artikel sind wasserabweisend, glänzend und – recht steif. Was ihnen durchaus zum Vorteil gereicht: Durch das Einwachsen glättet sich die Oberfläche, und die Schnürsenkel gleiten leichter durch die Ösen, wodurch der Verschleiß minimiert und die Lebensdauer verlängert wird. Aufgrund dieser Steifigkeit bleibt auch die Schleife besser in Form, was indes ein sehr schönes Bild ergibt.

Die Senkelenden, auch »Nadeln« genannt, werden durch eine starke Zelluloidfolie oder eine Metallkappe zusammengehalten, während Schnürsenkel aus reiner Kunstfaser an den Enden oft durch Hitze verschmolzen werden.

Schnüren oder Reinschlüpfen? Kreuz oder quer?

Die Schnürung am Schuh ist mehr als Dekoration. Sie hält den Fuß und trägt entscheidend zur Passform bei. Wie Mann bindet, ist natürlich weitgehend Geschmacksache. Doch die Richtung, ob nun kreuz oder quer, unterstreicht den individuellen Look: Steht »Klassik« oder »Pop« im Vordergrund, wird dem »Campingplatz« oder dem »Business« der Vorzug gegeben?

Die meisten Schuhe der zivilisierten Welt – abgesehen von jenen, die im Leistungssport ihren Dienst tun – lassen sich einteilen in solche zum Binden und solche zum Reinschlüpfen. Schlüpfen geht schneller, Schnüren sitzt besser und beschert dazu noch unbegrenzte Möglichkeiten. Erstens wohnt dem Schnüren an sich schon etwas Erotisches inne, funktioniert das Schuhschnüren doch nach demselben Prinzip wie der Verschluss eines Mieders; zweitens kann man beim Drunter und Drüber auch mit Schnürsenkeln variieren und experimentieren.

Der Korsageneffekt. Die Schnürung ist einerseits dafür gemacht, problemlos in den Schuh hineinzukommen, andererseits auch

dazu, möglichst komfortabel drin zu bleiben. Das heißt, sie si-

chert dem Fuß im »orthopädischen Korsett« namens »Schuh«
mit Hilfe des Senkels, der die beiden »Quartiere«, wie die Seitenteile des Schuhs bekanntlich genannt werden, über die Zunge verbindet, den erforderlichen Halt. Dabei ist das Ziel klar: Der Schuh
soll anliegen, ohne zu drücken. Hat dagegen noch locker ein Finger zwischen Fuß und Leder Platz, überlappen sich gar die Quartiere, kommt der Korsageneffekt nicht zum Zug: Der Fuß
»schwimmt«, das Leder scheuert, der Schuh verliert die Fasson.
Drei weitverbreitete Sünden forcieren diese Entwicklung: Tragen
ohne Strümpfe, Verzicht auf den Gebrauch eines Schuhlöffels,
mehrtägiges Tragen ohne Ruhepausen. Als Faustregel gilt hier:
Die Schnürung sollte beim Kauf leicht klaffen (maximal 1 cm)!
Das ermöglicht – weil das Leder im Gebrauch mehr und mehr
nachgibt – auch später noch strammes Schnüren.

Haken und Ösen. Für die Anzahl der Ösen beziehungsweise
Schnürlöcher gibt es keine Regel. Üblicherweise haben klassische
europäische Herrenhalbschuhe fünf Löcher auf jeder Seite, moderne US-Modelle dagegen sechs. Mehr als sechs und weniger als
fünf kennzeichnen Mode- und Designerschuhe. Knöchelstiefel
werden, je nach Schafthöhe, mit drei bis acht Ösen oder Häkchen
geschlossen. Bei Damentrotteurs dominieren drei bis sechs Löcher, an Stiefeletten sieben bis zu zwanzig und, je nach Schafthöhe oder Beinlänge, sogar noch mehr.

Kreuz oder quer? Klassisch ist die Parallelschnürung. Ihr redu-
ziertes Schnürbild empfiehlt sie für formelle, festliche und offi-
zielle Modelle (etwa ›Oxford‹ und ›Semi-Brogue‹). Bei sportli-
chem, rustikalem Schuhwerk, auch bei extravaganten Designer-
schuhen, passt dagegen sowohl die Kreuzbindung als auch die
Kreuz-und-Quer-Kombination. Bei Freizeitschuhen schließlich
ist vom Stiefel bis zum Turnschuh alles erlaubt, was gefällt.

Modische Gags. »Street Styles«, auf der Straße geboren, verstehen
sich als provozierende Alternativen zu etablierten Konventionen. 195

Im italienischen Stil:
Eleganter Kalbsleder-›Oxford‹
mit klassischer Parallel-
schnürung und ovaler Lochung
im Blatt

Zwei unverbindliche Schnürvarianten, importiert aus New York
Downtown, sind bei den Jugendlichen auch hierzulande beliebt:
zum einen offene, flatternde Schnürsenkel über nach vorne ge-
lupfter Schuhzunge, bevorzugt an knöchelhohen, ausgetretenen
›Sneakers‹ oder ›Boots‹, sowie Details von Hip-Hop-Stil und

Techno Wear; zum anderen mehrfach um den Knöchel ge-
schlungene, extralange Senkel an knöchelhohen Stiefeln, vom
›Worker Boot‹ bis zur Damenstiefelette. Nur die unteren Ösen
werden geschnürt, während die oberen Häkchen unverschlossen
bleiben.

Nylon, Leder, Baumwolle. Material: Am edelsten ist gewachste
Baumwolle. Diese Schuhbändel sind zwar etwas teurer als unge-
wachste, werden aber nicht so schnell stumpf und verknoten sich
darum nicht so leicht beim Aufziehen. Leder ist symphatisch und
rustikal, aber nicht besonders reißfest, daher geeignet für einen
derberen Look und (hier ein Muss!) echte ›Bootschuhe‹. Nicht je-
dermanns Sache, aber konkurrenzlos haltbar, reißfest und ver-
rottungsresistent ist dagegen Nylon. Ob in Schwarz, Weiß oder
Neon – Synthetiksenkel passen am besten zu Sportschuhen oder
zum Raver-Outfit. Skurriles gibt es aber auch: Von den Britischen
Inseln kommen elastische Latexschnürsenkel – wie die Smoking-
fliege am Gummiband weniger etwas für Kenner als für (Gummi)-
Liebhaber.

Stärke. Es gibt Schnürsenkel in jedem Umfang, von »Spaghetti«
bis »Makkaroni«. Dabei gilt: Je gröber das Schuhwerk, umso stärker das Schuhband. Breite, flache Senkel gehören traditioneller-
weise an Sport- und Wanderschuhe.

Farbe. Für Rot gilt dasselbe wie für Nebelscheinwerfer – es passt
da, wo Gesehenwerden sinnvoll ist, zum Beispiel in den Bergen.
Andernorts wirkt es als öffentliches Ärgernis. Optimal: Schuhe
und Senkel im selben Farbton.

Von klassisch bis »fancy« – und ein wichtiger Tipp. Auf den
folgenden Seiten sind die wichtigsten Bindungsvarianten an-
schaulich dargestellt. Auch wenn es Sie reizt, mit der Bindung
Ihrer Schuhe ein wenig zu experimentieren: Sind die Schuhe stark
ausgetreten und stehen die Quartiere auf Stoß oder überlappen
sie gar einander, empfiehlt sich auf jeden Fall die Parallelbindung.

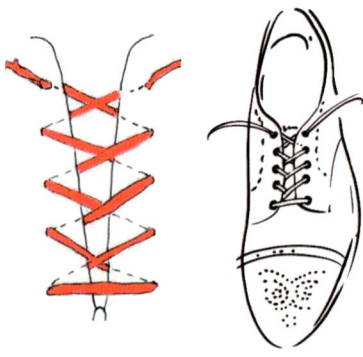

Klassische Kreuzbindung

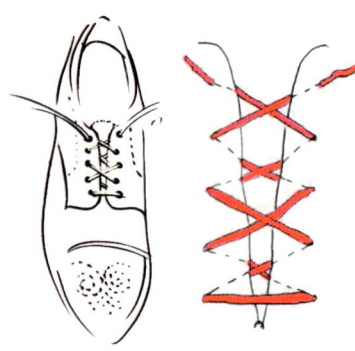

Modische X-Bindung, Version 1

Klassische Parallelbindung, Version 1

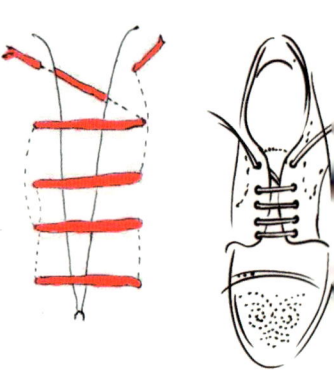

Klassische Parallelbindung, Version 2

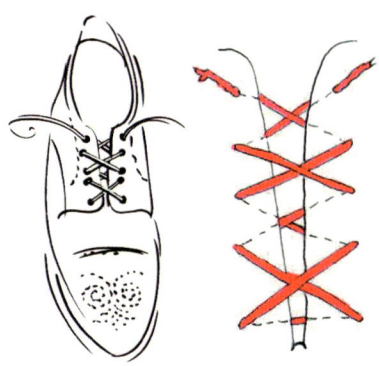

Modische X-Bindung, Version 2

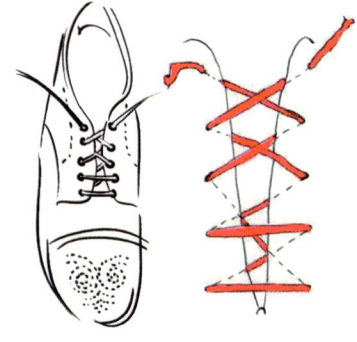

Klassische Kombinationsbindung

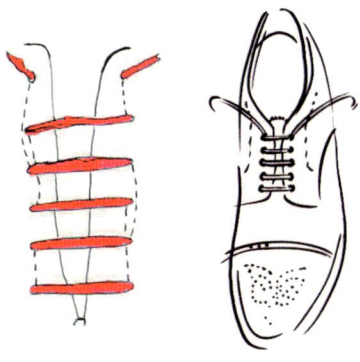

Klassische Parallelbindung, Version 3

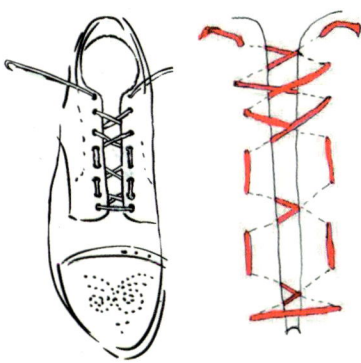

Experimentelle Kreuz-Web-Bindung

KAPITEL 14

MITTLER ZWISCHEN FUß, SCHIENBEIN UND SCHUH: SOCKE UND LANGSTRUMPF

Nicht wenige Zeitgenossen sehen Strümpfe wie auch Socken als etwas Banales an, als lästige Pflicht, als etwas, das Mann, insbesondere bei kälteren Temperaturen, eben tragen muss. Kein Gedanke an Mode, gar Stil. Wenn sie sich in diesem Punkt mal nicht täuschen …

Ist heute von Strümpfen die Rede, sind meistens kurze Strümpfe gemeint, also Socken. Es ist Usus geworden, in nahezu allen Gesellschaftsschichten zu fast allen Anlässen Socken zu tragen. Selbst hochrangige Politiker sind bei Fernsehauftritten mit kurzen Socken zum Anzug zu sehen. Bei einem stilsicheren Gentleman käme erst gar nicht der Gedanke auf, außer zum Sport Socken zu tragen, während für ihn ansonsten allein Kniestrümpfe eine Überlegung wert wären. Ein Bonmot verdeutlicht den sich hier darstellenden Sachverhalt sehr gut: »Männer tragen Socken, Herren tragen Strümpfe.« Da ist etwas Wahres dran: Schließlich stellt der Kniestrumpf optisch die Verbindung von der Hose zum Schuh dar. Diese Verbindung sollte möglichst unauffällig sein. Ist der Strumpf zu kurz, ist das Bein sichtbar und die Verbindung unterbrochen. Ein echter Fauxpas.

Farblich sollten Strümpfe immer so gewählt werden, dass sie zur Farbe der Hose passen, wobei sie durchaus etwas dunkler sein können, keinesfalls jedoch heller. Sind im Businessbereich praktisch nur die Farben Schwarz, Dunkelbraun, Dunkelblau, Dunkelgrau und eventuell Bordeaux kompatibel, passen weiße Strümpfe

Der weltgewandte Gentleman darf auch zum feinen Zwirn Veloursschuhe tragen (in diesem Fall ›Full-Brogues‹). Stets jedoch sollten Langstrümpfe garantieren (hier solche aus Cashmere), dass keine direkten Blicke auf die Beine möglich sind

Langstrümpfe sind die wahre
Visitenkarte des Gentlemans

Kalbsleder-›Doppelmonk‹
(John Lobb)

ausschließlich zum weißen Anzug, sind ferner zu weißer Berufs-
kleidung (Arzt, Koch) erlaubt, schließlich, beim Dandy-Outfit,
zum ›Spectator‹, während weiße Socken nur dem Sport (Tennis)
vorbehalten sind. Zurückhaltend gemusterte Strümpfe können
dagegen durchaus getragen werden, aber besonders im Businessbereich ist hier Vorsicht geboten.

Was die Materialien angeht, so findet sich heute bei Socken und
Strümpfen hauptsächlich ein Materialmix aus Natur- und Kunstfasern, da dieser Mix für beste Komfort- und Trageeigenschaf-
ten sorgt. Strümpfe sollten immer der Schuhgröße entsprechend
gekauft werden. Bleibt noch zu erwähnen, dass solche Kniestrümpfe die optimale Länge bieten, die oberhalb des Waden-
muskels vor dem Kniegelenk enden. Damit ist auch gewährleistet, dass sie nicht rutschen.

WENN DER SPEICHEL ANGEREGT WERDEN SOLLTE: SCHUHPFLEGE

Noch vor rund einem Jahrhundert wäre es für einen Gentleman mehr als ungewöhnlich gewesen, die Pflege seiner Schuhe höchstselbst in die Hand zu nehmen. Das war die Aufgabe seines Butlers beziehungsweise Kammerdieners. In heutiger Zeit sieht das etwas anders aus. Auch der gut situierte Herr hat in der Regel keinen Butler mehr, muss demnach seine hochwertigen Schuhe selbst pflegen. Und sorgsame Pflege ist enorm wichtig. Sowohl im beruflichen Umfeld, weil von Vorgesetzten oder Personalchefs immer stärker auf die Schuhe eines Angestellten oder Bewerbers geachtet wird, als auch privat, da auch die holde Weiblichkeit gelernt hat, dass die Schuhe eines Mannes oftmals bedeutend mehr über seine Persönlichkeit aussagen als beispielsweise seine vor Pferdestärken strotzende Karosse oder seine mit Brillanten besetzte Armbanduhr. Das wusste schon der legendäre Börsenexperte André Kostolany: »Für mich persönlich ist ein guter Schuh zur Beurteilung eines wahren Gentlemans immer wichtiger als der Anzug gewesen.«

Sofern es sich um wertvolle Maßschuhe handelt, ist die Schuhpflege eine Arbeit, die durchaus Freude bereiten kann. Auf jeden Fall darf bei dieser Arbeit eine gewisse Sorgfalt nicht fehlen, wenn am Ende ein befriedigendes Ergebnis verzeichnet werden soll. Hierfür sind wiederum die folgenden Schuhpflegetipps nicht gerade unwichtig …

• Alles Putzen und Polieren nutzt herzlich wenig, wenn Sie nicht über gutes Schuhwerk verfügen. Auch sollten Sie notwendige Re-

Exquisite Schuhpflegetruhe
aus Makassarholz: ›Royal Shoe
Care‹ (Herstellung: Helmut
Roller; Design: Axel Himer)

paraturen nicht auf die lange Bank schieben. Es wird teurer, wenn Schuhe von Grund auf neu bearbeitet werden müssen.

• Sie sollten Ihre Schuhe nur einen Tag tragen und dann zwei Tage ruhen lassen. Wenn Sie Ihre Schuhe auf den Holzstreckleisten geben, haben sie tragewarm zu sein, da der Leisten die Schuhe ansonsten abrupt überdehnt und es zu kleinen Rissen im Oberleder kommen kann.

• Die Streckleisten sollten aus unlackiertem Holz sein, da nur solche Leisten den Schweiß absorbieren und so das Leder richtig atmen kann. Auch auf die Passgenauigkeit des Streckleistenspanners ist größter Wert zu legen.

• Bewahren Sie Ihre Schuhe auf keinen Fall in einem luftdichten Schrank auf. Ihr Schuhschrank sollte unbedingt über Lüftungsschlitze verfügen.

• Sie sollten Ihre Schuhe nicht zu sehr schonen, denn Leder verträgt kurzfristig Kontakt mit Wasser, braucht ihn sogar. Wie sich erwiesen hat, werden die wasserresistenten Ledersohlen einer guten Gerberei durch Regenlaufen sogar noch resistenter und abriebfester.

• Bei der Pflege von Schuhen handelt es sich um eine sehr individuell ausgerichtete Angelegenheit. Deshalb sollten Sie für jeden »Pflegefall« das passende Mittel benutzen.

• Auch wenn es Ihnen manchmal lästig erscheint: Vor dem Pflegen sind die Schnürbänder zu entfernen.

• Vor dem eigentlichen Putzen sollten Sie das Oberleder hin und wieder zuerst mit flüssigem Lederreiniger von alter Pastenkruste sowie von Straßenstaub befreien, damit das Leder wieder atmen kann. *Hinweis:* Da sich Sattelseife nicht für alle Leder eignet, ist hier Vorsicht geboten. Auch hat die Anwendung dieser Seife eine starke Rückfettung zur Folge, was zur Überfettung des Leders führen kann. *Die Folge:* Die Poren können die farbgebende Creme nicht mehr gut aufnehmen.

• Sind Schuhe einmal völlig durchgeweicht, hilft Zeitungspapier. Stopfen Sie das Schuhwerk damit aus und wechseln Sie das Papier erst dann, wenn cs sich vollgesogen hat.

• Falls Sie es einmal mit »Schneerändern« zu tun haben, die nicht nur vom Streusalz stammen, sondern auch durch Gerbsalze und Mineralstoffe aus dem Leder selbst verursacht werden, nehmen Sie ein in warmes Wasser getränktes Tuch zur Hand und waschen den ganzen (!) Schuh mit diesem Tuch ab. Übrigens ist das perfekte »Schuhmordinstrument« ein warmer Heizkörper. Daher sollten Sie nasse Schuhe immer nur bei Zimmertemperatur trocknen lassen.

• Ein Schuhlöffel ist ein wertvolles Schuhpflegemittel, sollte demnach nicht zur bloßen Dielendekoration degradiert werden. Ist keiner greifbar, so nehmen Sie ungeniert einen Suppenlöffel, der wieder abgewaschen werden kann. Wenn Sie es erst einmal mit einer »Ziehharmonikaferse« zu tun haben, hilft nämlich gar nichts mehr.

Black is beautiful: Vier Kalbsleder-Modelle über den gleichen Leisten (László Vass)

›La Cordonnerie Anglaise‹
bietet für jeden Schuhpflegefall
die richtigen Mittel in bester
Qualität

Schuhpflegemittel

Die Behauptung, bei der Vielfalt der heutigen Lederarten und -sorten sei eine verfeinerte und differenzierte Schuhpflege notwendig, weshalb allein aus diesem Grund viele verschiedene Pflegemittel im Haus sein sollten, ist schlicht und einfach falsch. Im Gegenteil: Alle üblichen glatten Leder lassen sich mit nur einem einzigen Typ Pflegemittel behandeln – einer Wachscreme aus der Blechdose, da solch eine Creme besten Schutz und vollen Glanz garantiert. Ausnahmen, die spezielle Pflegemittel erfordern, sind Lackleder und sehr helle, offenporige Oberleder. *Wichtig:* In jedem Fall sollten Sie qualitativ hochwertige Pflegemittel verwenden, zudem Ihre Schuhe regelmäßig pflegen, das heißt alle zwei bis drei Wochen respektive, bei extremer beziehungsweise besonderer Beanspruchung, häufiger.

Um herauszufinden, ob Ihre Schuhe noch gegen die Unbilden des Wetters geschützt sind, träufeln Sie einfach etwas Wasser über das Leder. Perlt es ab, besteht noch optimaler Schutz. Läuft das Wasser jedoch an einigen Stellen zu Minipfützen oder kleinen Rinnsalen zusammen, ist der Schutz nur noch eingeschränkt vorhanden. Was nun die zu verwendende Schuhcreme betrifft, so sollten Sie den folgenden Anmerkungen gebührende Beachtung schenken …

• Es gibt zwei Grundtypen von Schuhcreme: zum einen Dosencreme (Hartwachspasten), zum anderen Tiegel- beziehungsweise Tubencreme (Emulsionscreme).

• Dosencreme befindet sich immer (!) in flachen Blechdosen. Handelt es sich um flache Kunststoffdosen, die es auch gibt, haben Sie es mit einer Emulsionscreme zu tun. Weil letztgenannte Creme Wasser als Lösemittel enthält, lässt sie sich nicht in Blechdosen abpacken, weil die Dosen ansonsten rosten würden.

• Die beste Schuhpflege garantiert Dosencreme, weil Hartwachs das Leder mechanisch und chemisch schützt. Dadurch werden die im Leder vorhandenen Fettstoffe nicht ausgewaschen. Das bedeutet: Das Leder bleibt weitestgehend im Urzustand (flexibel, weich und atmungsaktiv).

• Darüber hinaus sorgt Hartwachs im Vergleich zu allen anderen Pflegemitteln für einen am längsten währenden Glanz. Ursache dafür ist, wie der Name vermittelt, das harte Wachs (»Karnaubawachsanteil«) in diesem Cremetyp. Wenn Sie Ihre Schuhe mit einer Hartwachscreme polieren, so ist der glänzende Film widerstandsfähiger als der einer Emulsionscreme.

• Schließlich lässt sich eine Hartwachscreme einfach aufpolieren. Wenn es relativ schnell gehen muss, reicht ein kurzes Überpolieren – und Ihr Schuh glänzt wieder einheitlich, ist zudem immer noch geschützt.

Grundsätzlich sind die Dosencremes, welche Terpene enthalten, etwa Terpentinöl, jenen vorzuziehen, die Benzine aufweisen. Cremes mit Terpenen sind daneben einfacher zu handhaben und ergeben einen besseren Glanz. Allerdings sind hier die Unterschiede nicht allzu gravierend.

Glattlederpflege

Für Glattleder gibt es grundsätzlich zwei Möglichkeiten der Farbauffrischung: entweder mit einer Wachspaste oder einer dünnflüssigen Schuhpflegecreme. Hier unterliegt es Ihrer Entscheidung, ob der Schuh hochglänzend oder matt sein soll – dünnflüssige Creme zieht schnell in die Poren und bringt so einen seidenmatten Oberflächenglanz, während Wachs nicht so tief in die Poren einzieht, sondern mehr an der Oberfläche haftet und so einen starken Hochglanzeffekt erzielt.

Das Auftragen der Paste nehmen Sie am besten mit einer Einstreichbürste vor, mit der Sie die Paste (Creme) in das Leder einmassieren, nachdem Sie zuvor mit einer Schmutzbürste Verunreinigungen und Staub entfernt haben. Dann lassen Sie die Pflegemittel etwa eine Stunde einziehen, massieren sie dann mit einem Poliertuch ein und entfernen überschüssiges Pflegemittel.

Ein Muss für gepflegtes
Schuhwerk auf Reisen ist solch
ein Reiselederpflegeset von
›Cordonnerie Anglaise‹

Hinweis: Je länger eine Creme (ein Wachs) einzieht, umso mehr Arbeit haben Sie beim Polieren, doch andererseits erzielen Sie auf diese Weise einen umso höheren Glanzeffekt.

Zum Polieren ist eine große Polierbürste aus Rosshaar zu empfehlen. Wenn Sie diese Bürste mit einem Damennylonstrumpf überziehen, entsteht beim Polieren eine größere Reibungswärme, wodurch das in der Paste enthaltene Wachs anschmilzt und somit einen höheren Glanz ergibt. Zusätzlich empfiehlt es sich, ab und an die Polierbürste mit Speichel zu benetzen. Warum? Die im Speichel enthaltenen Enzyme verstärken im Gegensatz zu Wasser den Pflegeeffekt, und zudem wird noch der Glanz verstärkt.

Generell gilt bei Schuhcreme: Lieber mehrmals dünn auftragen und überpolieren, als das Leder mit einer einzigen dicken Schicht »beglücken« und es nur einmal polieren, denn hierbei ist die Gefahr, dass Schuhcremereste mit Staub verkleben und die Lederporen verstopfen, ungleich größer als beim mehrmaligen dünnen Auftragen.

Obwohl Hartwachspasten in Blechdosen grundsätzlich Emulsionscremes vorzuziehen sind (siehe oben), sollten Sie alle Glattlederschuhe von Zeit zu Zeit mit einer Emulsionscreme pflegen, nachdem Sie zuvor die alten Wachsschichten mit einem Lederreiniger vorsichtig entfernt haben. Das ist deshalb erforderlich, weil die flüssige Emulsionscreme tiefer in das Leder einzieht und somit das gesamte Leder und nicht nur die Oberfläche mit Nahrung versorgt wird.

Bei geprägten Ledern wie Scotchgrain sollten Sie die Creme mit einer Einstreichbürste auftragen, da Sie mit einer solchen Bürste besser in die Vertiefungen des Leders gelangen. Etwas diffiziler gestaltet sich dieser Vorgang bei geflochtenen Schuhen. Da Sie hier weder mit einer Einstreichbürste noch mit einem Lappen an alle Stellen kommen, ist meist ein Finger zum feinen Auftragen der Schuhcreme am besten geeignet.

Raulederpflege

Rauleder befreien Sie am besten mit einem Messingbürstchen vom Staub, bevor Sie es mit einem Spray imprägnieren. Hartnäckige Flecken dagegen behandeln Sie mit dem »Veloursradierer«. Sollten Ihre Veloursschuhe durch Schneeränder oder hartnäckigen Dreck verunstaltet sein, empfiehlt sich die Reinigung mit einer groben Bürste, um danach die Schuhe vollständig unter Wasser zu halten. Schließlich werden sie mit Kernseife abgewaschen und zum Trocknen am besten aufgehängt. Auf diese Weise können die Schuhe rundherum austrocknen. Sind sie dann trocken, werden sie mit der Messingbürste in eine Richtung gebürstet und imprägniert. *Wichtig:* Benutzen Sie ausschließlich Qualitätsmessingbürsten!

Schuhpflegebox von
›La Cordonnerie Anglais
mit den wichtigsten
Grundpflegemitteln

Spezielle Leder

Cordovan (Pferdeleder). Wer auf gepflegte Schuhe Wert legt, sollte der Behauptung, dass ›Cordovan‹ im Grunde keiner Pflege bedarf, keinen Glauben schenken. Pferdeleder darf ausschließlich mit Hartwachspasten gepflegt werden. Eine Emulsionscreme zerstört den feinen Oberflächenglanz. Auch Sattelseife ist hier als Pflegemittel ungeeignet.

Oberleder mit Haaren (Fell). Die Pflege beschränkt sich auf ein regelmäßiges Entfernen des Staubs, indem Sie das trockene Fell am besten mit einer Ziegenhaarbürste in Strichrichtung bürsten.

Reptilleder. In der unregelmäßigen Oberfläche von Reptilledern setzt sich schnell Staub fest, der dann zu schmirgeln beginnt. Deshalb sollten Sie diese Art Oberleder am besten nach jedem Tragen mit einer Staubbürste oder einem feuchten Tuch gründlich und immer nur in Richtung des Schuppenverlaufs von Staub befreien.

Fischleder neigen grundsätzlich schneller zum Austrocknen, bedürfen aber keiner speziellen Pflege. Sie sollten lediglich häufiger als Glattlederschuhe mit einer farblosen Mischemulsion gepflegt werden.

Straußenleder. Straußenleder bedarf keiner besonderen Pflege, darf aber nicht vernachlässigt werden, weil sich sonst schnell Abnutzungserscheinungen zeigen.

Lackleder. Lackleder pflegen Sie mit Lackledermilch. Dieses Mittel nährt den Lack, gibt eine glänzende Lackschicht, pflegt und reinigt. Sehr verunreinigtes Lackleder wird mit Reinigungsschaum gepflegt.

Strapazierschuhe

Für schweres Schuhwerk, das stark beansprucht wird, etwa Jagd- und Bergstiefel sowie Wanderschuhe, reicht die normale Schuhpflege nicht aus. Hier bedarf es spezieller Lederfette. Je nach Ma-

terial benötigen Sie für stark in Anspruch genommene Wanderschuhe unter Umständen bis zu drei verschiedene Pflegemittel:
- Ein Imprägniermittel für die Grundimprägnierung und das
spätere Nachimprägnieren.
- Ein Wachs für regelmäßige Schuhpflege.
- Ein Lederfett für die hin und wieder anzuratende Tiefenpflege,
die dann sinnvoll ist, wenn das Leder einen trockenen Eindruck
macht (sonst bitte nicht, da es bei zu häufiger Anwendung leicht
zu einer Überfettung des Leders kommen kann).
Sind die Wanderschuhe nach einer Tour verdreckt, so reinigen Sie
die Oberfläche mit klarem kaltem (lauwarmem) Wasser unter Zuhilfenahme einer Bürste. Zusätzliche Reinigungsmittel sind hier
nicht notwendig. *Wichtig:* Sie sollten die Schuhe erst dann pflegen,
wenn sie vollkommen trocken sind!

Mehrfarbige und weiße Schuhe

Hier gilt generell die farblose Pflege. Um jedoch einem Vergrauen
besonders belasteter Stellen entgegenzuwirken, ist ein gelegent-
liches partielles Auftragen einer farblich passenden Creme sinnvoll. Auf der anderen Seite sollte der farblose Wachsauftrag stets
äußerst dünn erfolgen und gründlich auspoliert werden. Bei
›Spectator‹-Modellen wiederum ist es nahezu Pflicht, zunächst
das helle Leder zu pflegen. Sollten Sie nämlich beim anschlie-
ßenden Auftrag der dunklen Creme versehentlich auf das helle
Oberleder geraten, genügt ein einfaches Abwischen.
Bei der optimalen Pflege weißer Glattleder hat die Reinigung
einen zentralen Stellenwert. Sie besteht aus einer Kombination
von gelegentlicher, aber gründlicher »chemischer Reinigung« mit
einem Lederreiniger und anschließendem Einreiben mit einem
Pflegemittel. Als solches nehmen Sie zunächst eine farblose
Mischemulsion, weil sie dem Leder die durch die Reinigung aus-
gewaschenen Nährstoffe wieder zuführt. Um nun aber einen an-

haltenden Schutz für die empfindliche Oberfläche zu erzeugen, ist der anschließende Auftrag einer Wachscreme aus der Blechdose angeraten. Auch vermeidet die Dosencreme eine schnelle Neuanschmutzung und sorgt für länger andauernden Glanz.

Rahmen und Sohle

Auch der Lederrahmen bedarf beim Cremen oder Wachsen der Pflege, da er sonst durch Austrocknen brüchig werden kann. Hierfür gibt es besondere Rahmeneinstreichbürsten, die das Pflegemittel gezielt dorthin bringen, wo es gebraucht wird. Ab und an sollten Sie das Sohlenleder mit einem speziellen Sohlenlederöl einstreichen, um es resistenter gegen Wasser zu machen. *Vorsicht:* Nicht die Nähte mit dem Öl behandeln! Die Verklebung könnte sich lösen.

Tipps zur Fleckenentfernung auf Leder

Flüssigkeiten, Speisen und Fette sollten möglichst gleich mit einer Serviette, mit Küchen- oder Toilettenpapier aufgenommen werden. Falls notwendig, wischen Sie mit Wasser großflächig nach. In so manchen Fällen kann die Bildung von Flecken durch schnelles Handeln direkt verhindert werden: *Blut* ist mit kaltem Wasser abzuwischen. *Rotwein* ist, wenn möglich, sofort mit Weißwein zu »neutralisieren«, bevor Sie den Wein mit einer Serviette aufnehmen und die Stelle mit Salz bestreuen. *Feuchte Flecken* sollten vor jeder weiteren Maßnahme aufgesogen werden (Löschpapier, Servietten, Kaffeefilter, Papiertaschentücher oder Küchenpapier sowie Salz). Je mehr Flüssigkeit Sie gleich zu Anfang aufnehmen, desto besser. Bitte auf keinen Fall reiben, sondern nur abtupfen. Ansonsten wird unter Umständen die zu entfernende Substanz noch tiefer in das Material hineingedrückt oder der Fleck in der Breite verrieben. Sollte *Kaugummi* an der Schuhsohle kleben, dann entfernen Sie ihn am einfachsten dadurch, indem Sie ihn mit Eisspray einsprühen. Solcherart gefroren, lässt er sich problemlos mit einem Taschenmesser abkratzen. *Zum Schluss die wichtigste Regel:* Nach jeder Fleckenentfernung beziehungsweise »Reinigungskur« ist das Leder wieder mit frischen Nährstoffen zu versorgen. Bevor Sie jedoch irgendwelche Experimente wagen, sollten Sie eine Fachkraft beziehungsweise einen Schuhmacher um Rat fragen.

Schuhe in Truhen und auf Reisen

Für den wahren Kenner ist das Thema »Maßschuhe« mit dem Kauf eines solchen Paars noch lange nicht erschöpft. Wie aus den zuvor gemachten umfangreichen Ausführungen ersichtlich, ist eine entsprechende Pflege zwingend, denn schließlich möchte er die Schönheit der Schuhe erhalten.

Eine große Hilfe sind hierbei Schuhpflegetruhen und -kisten, in denen alles für die Pflege jeder Lederart sowie die wichtigsten Utensilien für die Reise aufbewahrt werden. Für den echten Schuhliebhaber gibt es daher keine Alternative zu einer professionellen Schuhpflegetruhe, die keine Wünsche offen lässt. Truhen wie die von ›Royal Shoe Care‹ aus Makassarholz mit Lederarbeitsfläche, seitlicher Schmutzschublade und massiv verstifteten Schubladen mit Selbstzuzugmechanismus, die individuell nach Kundenwunsch gefertigt werden, bilden die Spitze in diesem Bereich. Nicht nur Holzart und Lederfarbe darf der Kunde bestimmen, sondern es sind auch in den Schubladen alle Utensilien enthalten, die zur Schuhpflege benötigt werden. In dem oberen Möbelteil befinden sich mehrere kleine Schubfächer mit den Pflegemitteln für die häufigsten Lederarten und -farben, in der Mitte die Fächer für Hartwachspasten und Emulsionscremes in allen gewünschten Farben, unten Vorratsfächer für Bürsten, Ersatzschnürsenkel und Schuhlöffel. Derartig exklusive und durchaus nicht unvoluminöse Möbelstücke sind natürlich sehr dekorativ und machen die oftmals vernachlässigte Schuhpflege zu einem echten Vergnügen.

Für den Gentleman, der seine Liebe zu hochwertigen Schuhen gerade erst entdeckt hat, gibt es kleinere Schuhpflegeboxen, in denen zwar nicht alle Cremes für das gesamte Farbspektrum enthalten sind und die auch nicht den vollständigen Komfort einer große Truhe bieten, aber ebenfalls alle notwendigen Utensilien enthalten, zudem nicht viel Platz beanspruchen. Derartige Boxen werden ebenfalls von ›Royal Shoe Care‹, dann von ›Cordonnerie Anglaise‹ sowie von vielen namhaften Schuhmarken angeboten. Wichtig ist, dass neben den Hartwachspasten und Emulsionscremes in den gängigen Farben auch Schmutzbürste sowie Einstreichbürste, Polierbürste, Lappen

Gönnen Sie Ihrem Schuhwerk auf Reisen nur Erste-Klasse-Komfort. Ein atmungsaktiver Schuhbeutel und leichte Reiseschuhspanner sind ein Muss. Schuhmodell: Rahmengenähter ›Cordovan‹-›Blücher‹

(jeweils eine bzw. einer pro Farbe), dann Messingbürste, Veloursradierer und -pflegemittel, dazu Lederreiniger enthalten sind. Sohlenöl, Lacklederpflegemittel, Ersatzschnürsenkel, Eisspray und Schuhlöffel komplettieren den Inhalt.

Bleiben noch die kleinen handlichen Sets für die Reise zu erwähnen. In ihnen lässt sich das Wichtigste für ein oder zwei Farben transportieren: Schuhcreme, Einstreichbürste, Polierbürste, Lappen und ein kleiner Reiseschuhlöffel.

217

SCHUHI

Wiederaufgebaute, hundert
Jahre alte Schuhmacherei im
›Deutschen Schuhmuseum
Hauenstein‹

ANHANG

Glossar: Kleines Maßschuh-ABC

Altgerberhals | Hiermit handelt es sich um einen im Altgerberverfahren grubengegerbten Rinderhals.

Aufbauflecke | So bezeichnet man die Materialien, mit denen die Absätze aufgebaut werden.

Bimser | Diese motorbetriebene kleine Schleifmaschine sorgt für Feinschliff.

Brogue | Das ist der Fachterminus für die Verzierungsart – besondere Lochmuster – der Schaftteile.

Buggen | Hiermit ist das Umlegen und Verkleben der Schaftaußenkanten gemeint.

Croupon | Hier handelt es sich um den Kernbereich im Rücken der Lederhaut, der mit einer sehr dichten Faserstruktur ausgestattet ist. Bei Rindsleder vor allem für Sohlen geeignet.

Flexokork | Dieser Begriff steht für sehr flexible Korkmatten.

Flügelabsatz | So werden Absätze genannt, die innen oder außen verlängert sind.

Kevlar | Dieses Material wird aus Kohlefasermatten hergestellt und ist leichter als Stahl, zudem feuerfest.

Kollagen | Kollagen ist ein besonderer Eiweißtyp, der in der Haut von Menschen und Tieren enthalten ist.

Lauffleck | Auf diesem obersten Absatzfleck läuft man letztendlich auch.

Lohe | Hier handelt es sich um Pflanzenstoffe, die zum Gerben verwendet werden. Als Gerbstoffe werden meist Baumrinden verwendet.

Lyra-Lochung | Dieser Begriff weist auf die Lochmuster an der Schuhspitze hin.

Paspel | Ziereinsatz aus Leder am Schaft. Meist wird ein andersfarbiges Leder als das »Grundleder« zur Verzierung verwendet.

Pelotte | Damit ist eine Erhöhung im Fußbett gemeint, welche die Mittelfußköpfchen entlastet.

Rubrex-Sohle | Das ist eine Kunststoffsohle mit Kreppoptik, dabei sehr biegsam, außergewöhnlich leicht und benzinfest.

Sohlenaufrauen | Damit die Oberfläche der zu verklebenden Schichten größer ist, raut man diese Fläche auf.

Stuppräder | Hiermit werden, wie bei der Stuppmaschine, kleine Zierrillen in den Lederrahmen des Schuhs gepresst.

Sumach | Hier handelt es sich um eine Pflanzenfamilie. Die Blätter des ›Gewürz-‹ oder ›Gerbersumachs‹ werden auch als Gerbstoffe verwendet.

220 **Sympatex** | Wasserabweisendes Vlies.

Tassel | So heißen die Quasten beim ›Tassel-Loafer‹, wobei der ›Tassel-Loafer‹ zur »Schuhfamilie« der ›Slipper‹ gehört.

Thermit | Bezeichnung für thermoplastisch verformbares Versteifungsmaterial.

Trapezsohle | So wird die im Querschnitt keilförmige (trapezartige) Sohle genannt, die meist bei Sportschuhen eingebaut wird.

Varusstellung | Bei dieser Fußstellung ist die Ferse zur Körpermitte hin gedreht.

Vibram-Sohle | Hier handelt es sich um Profil- und Sportsohlen des italienischen Herstellers ›Vibram‹.

Rohmaterielien der Gerberei
›Joh. Rendenbach‹

G |

ANHANG

Adressen empfehlenswerter Maßschuhmacher

Baden-Baden | Axel Himer Maßschuhe | Lichtentaler Allee 76 |
76530 Baden-Baden | www.himershoes.com
Bad Waldsee | Semmlin Innovative Orthopädie | Manfred Semmlin |
Ulrich-Kuderer-Straße 10 | 88339 Bad Waldsee | www.semmlin.de
Basel | Ermann Hebeisen GmbH | Elsässer Straße 248 | 4056 Basel/Schweiz
Budapest | Vass Schuhe | László Vass | Haris köz 2 | 1052 Budapest/Ungarn |
www.vass-cipo.hu
Düsseldorf | Kim Himer Maßschuhe | Friedrichstraße 8 | 40217 Düsseldorf |
www.himershoes.com
Hamburg | Klemann Shoes | Benjamin Klemann | Poolstraße 9 |
20355 Hamburg | www.klemann-shoes.com
London | John Lobb | 9 St. James's Street | London SW1A 1EF/UK |
www.johnlobbltd.co.uk
London | WS Foster & Sons | 83 Jermyn Street | London SW1Y 6JD/UK |
www.wsfosterandsons.com
New York | E. Vogel | 19 Howard Street | New York/USA | New York 10013 |
www.vogelboots.com
New York | Oliver Moore | 856 Lexington Avenue | New York/USA | NY 10065 |
www.olivermoorebootmakers.com
Vigevano Pavia | Riccardo Freccia Bestetti | Via Manara Negrone 32 |
R-27029 Vigevano Pavia/Italien | www.frecciabestetti.com
Wien | Rudolf Scheer & Söhne | Bräunerstraße 4 | 1010 Wien/Österreich |
www.scheer.at

Der Autor bedankt sich bei Sieglinde und Alois Barth, Baden-Baden; Thimon von Berlepsch, Berlin; Christian Birkenstock, Linz am Rhein; Christopher Cox, St. Moritz; Jean-Marc Culas, Baden-Baden; Helga Decker, Baden-Baden; Dr. Hans-Peter Ditz, Rastatt; Thomas Dörr, Freiburg; Soraya El Mariami, Baden-Baden; Carina Ericson, Zürich; Thomas Fressle, Ravensburg; Karl Frühberger, Heidelberg; Dr. Stefan Fuchs, Baden-Baden; Martin Furch, Baden-Baden; Ralf Ganter, Villingen-Schwenningen; Werner Gerstenberg, New York; Johann Glöckle, Baden-Baden; Wolfgang Götz, London; Jos-Jan Greve, Waalwijk; Mathias Griesbaum, Baden-Baden; Dirk Haro, London; Deutsches Schuhmuseum Hauenstein, Hauenstein; Stefan Heim, Baden-Baden; Lederfabrik Heinen, Wegberg; Achim Heinkel, Pforzheim; Peter Heinrichs, Köln; Kim Himer, Düsseldorf; Nicola und Tina Himer, Baden-Baden; Patrick Hofmeister, Baden-Baden; Ursula und Dieter Hofmeister, Ludwigsburg; Ignatious Joseph, Düsseldorf; Axel Kahn, Karlsruhe; Thorsten Klapp-

222

roth, Geislingen; Blanka Krieg, Baden-Baden; La Cordonnerie Anglaise, Paris;
Dr. Thomas Lagodka, Bonn; Filippo La Mastra, Karlsruhe; Dr. Sigrun Lang,
Baden-Baden; Franco Majno, Mailand; Frank Marrenbach, Baden-Baden; Da-
niel Marshall, Los Angeles; Patrick Martin, Basel; Mebus Maschinenbaugesell-
schaft, Schwelm; Elly und Wolfgang Metzger, Obrigheim; Richard Paterson,
Glasgow; Ces Paul, Baden-Baden; Anette Pekrul, Karlsruhe; Prof. Dr. Erich Pfi-
ster, Esslingen; Fabian Pfister, Baden-Baden; Dr. Siddhartha Popat, Bad Hon-
nef; Andreas Rademacher, Baden-Baden; Lederfabrik Joh. Rendenbach, Trier;
Dominik von Ribbentrop, München; Helmut Roller, Haiterbach; Strumpf-
Salon Sieglinde Rügenhagen, Baden-Baden; Daniela Schneider, Bonn; Klaus
Schultes, Baden-Baden; Manfred Semmlin, Bad Waldsee; Ilse und Wilfried
Serr, Baden-Baden; Bernhard Siegle, Baden-Baden; Wolfgang Sonnenburg,
Zürich; Udo Sprothen, Stolberg; Matthias Steiner, Baden-Baden; Berthold
Steinhilber, Stuttgart; Michael Stocks, Baden-Baden; Gudrun und Jürgen
Strickfaden, Baden-Baden; Ulf Tietge, Offenburg; Volker Thielert, Essen;
Laszlo Vass, Budapest; Hans-Peter Veit, Baden-Baden; Michael Weilandt,
Baden-Baden; Dr. Johannes Weingart, Ravensburg; Andreas Weiß, Essen; Dirk
Westendorf, Köln; Yasmine und Dierk Wettengel, Baden-Baden; Oliver Win-
kes, Wolfsburg; Dieter H. Wirtz, Mönchengladbach. Ferner bei allen Kollegen
und jenen Personen, die im Buch erwähnt sind, sowie dem gesamten Team
des Fackelträger Verlags.

Zum Autor: Axel Himer, geboren 1965 in Baden-Baden, gilt weltweit als einer
der innovativsten Maßschuhmacher. Nach dem Motto »Form follows function« fertigt der gelernte Orthopädieschuhmacher seit 1988 in seiner Heimat-
stadt feinste Maßschuhe für alle Lebenslagen seiner Kundschaft. Himers
Schuhwerk ist in verschiedenen Museen und Ausstellungen sowie an so man-
chem Prominentenfuß anzutreffen. Auch die Schuhindustrie lässt sich von
Axel Himer beraten. Des Weiteren gibt er Seminare zu Stilfragen und Pflege in
Sachen Schuhe. Über seine Maßschuhmachertätigkeit gab es mehrere inter-
nationale TV-Beiträge sowie Berichte in renommierten Printmedien, unter
anderem in der *Frankfurter Allgemeinen Zeitung* und der *London Times.*

Zum Herausgeber. Dieter H. Wirtz, geboren 1950 in Mönchengladbach.
Studium der Germanistik, der Geschichte und der Philosophie. Tätigkeit als
Lektor, Ghostwriter und schließlich als Buchautor. In der *Edition Fackelträger*
erschienen zuletzt das *Zigarren-Handbuch,* die »Bibel des Rauchwerks«
(Playboy), sowie, zusammen mit Matthias Martens, *Cigarre & Co.* Dieter
H. Wirtz lebt und arbeitet als Schriftsteller und Publizist in seiner Heimat-
stadt Mönchengladbach.

EIN MANN – EINE BIBLIOTHEK

Björn Breitter
**Gentleman's Library –
Klassische Sportwagen**

Hardcover
272 Seiten, über 130 Abbildungen
Format 13,2 x 18,9 cm
ISBN: 978-3-7716-4402-4
WG: 1588

Martin Häußermann
**Gentleman's Library –
Uhren**

Hardcover
272 Seiten, über 110 Abbildungen
Format 13,2 x 18,9 cm
ISBN: 978-3-7716-4401-7
WG: 1588